AF388720

ESSAI
DE GÉOMÉTRIE
PRATIQUE,

DESTINÉ AUX INSTITUTEURS PRIMAIRES, AUX ÉLÈVES DES COLLÉGES, AUX PROPRIÉTAIRES ET A TOUS LES JEUNES GENS QUI SE LIVRENT AUX ARTS MÉCANIQUES;

PAR L. J. GEORGE,

PRINCIPAL DU COLLÉGE DE NEUFCHATEAU, OFFICIER D'ACADÉMIE, MEMBRE CORRESPONDANT DE LA SOCIÉTÉ ROYALE DES SCIENCES ET BELLES-LETTRES DE NANCY, EXAMINATEUR DES INSTITUTEURS POUR L'ARRONDISSEMENT DE NEUFCHATEAU.

NEUFCHATEAU,
CHEZ BEAUCOLIN, IMPRIMEUR-LIBRAIRE, RUE SAINT JEAN.
1821.

Ouvrages de M. L. J. George, Principal du Collége de Neufchâteau.

ÉLÉMENS D'ARITHMÉTIQUE, destinés aux Instituteurs [illegible] S. A. R. Mgr. [illegible] considérablement [illegible] in-8°, [illegible] 3f 50c

[illegible] PREMIERS ÉLÉMENS D'ALGÈBRE [illegible] 3f 75c

TRAITÉ [illegible] DES RAPPORTS ET DES PROPORTIONS, [illegible] 1f

RECUEIL DE PROBLÈMES NUMÉRIQUES, résolus [illegible] in-8°, 1815. . 2f 50c

ESSAI DE GÉOMÉTRIE PRATIQUE, destiné aux Instituteurs [illegible] aux Propriétaires et à tous les jeunes gens qui se livrent aux mathématiques ; un volume in-8°, avec quatre [illegible], 1821 . . . . 4f 50c

[illegible] DE SPINOSA, précédée de l'EXPOSITION DU VÉRITABLE SYSTÈME DE SPINOSA ; un volume in-8°, 1817 . . . . 3f

Ces ouvrages se trouvent,

À Paris,	chez	M.me veuve Courcier, quai des Augustins, n.° 57.
– [illegible],		M. [illegible], rue [illegible].
– [illegible],		M.me veuve [illegible].
– [illegible],		M. George, sur la Place.
– [illegible],		M. [illegible], Libraire.
– [illegible],		M. [illegible], Libraire.
– Mulhouse,		M. [illegible], Direct. de la Société lithographique

---

Conformément à la Loi, cinq exemplaires du présent ouvrage ont été déposés à la Préfecture du Département des Vosges.

EXPLICATION DE QUELQUES TERMES ET SIGNES DONT L'USAGE EST FRÉQUENT EN GÉOMÉTRIE.

I. Le mot *proposition* exprime un discours par lequel on énonce une vérité démontrée, ou que l'on se propose de démontrer.

II. *Axiome* est une vérité si claire que, pour être comprise, il suffit de l'énoncer.

III. *Théorême*, proposition dont la vérité devient évidente au moyen d'un raisonnement appelé *démonstration*.

IV. *Problême* est une question à résoudre.

On dit que l'on résout un problême, quand on satisfait à la question proposée.

On donne indifféremment le nom de *proposition* aux théorêmes et aux problêmes.

V. *Exemple* est ce que l'on propose pour imiter.

VI. *Corollaire* est la conséquence que l'on tire d'une ou de plusieurs propositions.

VII. *Hypothèse*, signifie une supposition faite dans l'énoncé d'une proposition, ou dans le cours d'une démonstration.

VIII. Différens signes ont été substitués aux mots qui reviennent souvent, pour abréger le discours et la représentation des divers opérations qu'on veut effectuer ou indiquer sur les quantités. Ainsi,

$+$ marque l'*Addition* et signifie *plus* ou *ajouté avec*.

$-$ indique la *Soustraction* et s'énonce *moins*, mot qu'il remplace.

$\times$ se met pour *multiplié par*; c'est le signe de la *Multiplication*.

$:$ ou ce trait —, quand au-dessus et au-dessous il se trouve des quantités, marque la *Division* et se prononce *divisé par*.

$=$ signifie *égale* et désigne l'égalité des deux quantités placées de chaque côté.

Lorsqu'on veut indiquer la multiplication de la somme ou de la différence de plusieurs quantités, on met le premier facteur entre deux crochets et on écrit l'autre immédiatement après sans aucune interposition de signe.

Ainsi, $(a + b - c)\,m$ représente le produit de $a + b - c$ par m.

On nomme *quarré* le produit d'une quantité multipliée par elle-même; multipliée deux fois de suite, on obtient le *cube* de cette quantité.

Ainsi, 4×4 ou 16 est le quarré, et $4 \times 4 \times 4$, ou 16×4, ou 64, le cube du nombre 4.

Lorsqu'on remonte du *quarré*, ou du *cube*, au nombre primitif ou générateur, on donne au résultat le nom de *racine quarrée*, ou de *racine cubique*.

Par exemple, le nombre 4 est la *racine quarrée* de 16, et la *racine cubique* de 64.

Pour indiquer le *quarré* d'une grandeur quelconque, on se sert du chiffre 2 que l'on place à droite et un peu au-dessus de la quantité proposée; pour marquer le *cube*, on emploie le chiffre 3 que l'on place de la même manière.

Ainsi, a^2 et a^3 représentent respectivement le *quarré* et le *cube* de la quantité a.

Si la grandeur, dont on veut indiquer le quarré ou le cube, représente une ligne, on met au-dessus des deux lettres qui la limitent et qui servent à l'énoncer, une barre après laquelle on place le chiffre 2 ou le chiffre 3, selon le cas.

$\overline{AB}^2$ représente donc le *quarré* et $\overline{AB}^3$ le *cube* de la ligne AB.

Pour exprimer la *racine quarrée*, on se sert du signe $\sqrt{\ }$, qu'on nomme *radical* et s'énonce *racine quarrée de*, et on place la quantité proposée au-dessous; pour l'indication de la *racine cubique*, on emploie le même signe, mais entre ses deux branches on écrit le chiffre 3.

Ainsi, $\sqrt{a}$ et $\sqrt[3]{a}$ représentent les *racines quarrée* et *cubique* de a.

On appelle *moyenne proportionnelle géométrique*, la *racine quarrée* du produit de deux grandeurs.

Par exemple, $\sqrt{a \times b}$, ou simplement $\sqrt{ab}$, est la *moyenne proportionnelle géométrique* entre a et b.

Fautes essentielles à corriger.

Page	ligne	au lieu de	lisez
12.	33,	EF,	ED.
47,	14,	proposition,	proportion.
53,	31,	des deux,	des quarrés des deux.
65,	31,	par lesquelles,	par lesquels.
68,	15,	CDG = DCA,	CDG = CDA.
77,	28,	*centièmes quarrés,*	*centimètres quarrés.*
81,	5,	70 po.q	7[illegible] po.q.
113,	26,	poligonel,	polygonal.
127,	16,	par sa hauteur,	par la $\frac{1}{2}$ de sa hauteur.

Observation. Chaque nombre mis entre deux parenthèses indique à quel paragraphe il faut recourir pour entendre plus facilement celui dont il est question.

ESSAI DE GÉOMÉTRIE PRATIQUE.

LIVRE PREMIER.

INTRODUCTION,

COMPRENANT les définitions, les principes, la description et l'usage des principaux instrumens, et les propositions fondamentales.

Notions préliminaires.

1. L'ÉTENDUE est ce qui réunit les trois dimensions *longueur*, *largeur* et *hauteur* (*), dont chacune peut être représentée par un fil tendu.

2. Ces dimensions isolées, prises deux à deux, puis toutes ensemble, donnent naissance à trois sortes de figures appelées *lignes*, *surfaces* et *corps*.

3. L'étude des diverses propriétés de ces trois figures est l'objet de la GÉOMÉTRIE.

4. Cette Science est ou *spéculative*, ou *pratique*.

(*) Cette dernière dimension se nomme encore *profondeur* ou *épaisseur*; mais dans le langage ordinaire il ne faut pas confondre ces trois mots. On dit, par exemple, la *hauteur* d'un arbre, l'*épaisseur* d'une table, la *profondeur* de la mer.

5. La *Géométrie spéculative* ou *théorique* fait connaître et démontre les propriétés qu'on a découvertes sur les *lignes*, les *surfaces* et les *corps* : elle expose l'ordre qui existe entre elles, ainsi que leur mutuelle dépendance.

6. La *Géométrie pratique* ramène à notre utilité toutes les importantes vérités de la *Géométrie spéculative*.

Elle embrasse ordinairement trois parties principales, qui sont : la *Longimétrie*, la *Planimétrie* et la *Stéréométrie*.

Dans la première, on s'occupe de la mesure des *longueurs* ou des *lignes* ; dans la seconde, on évalue les *surfaces*, et dans la troisième les *corps* ou *solides*.

7. Après avoir traité chacune de ces parties, nous parlerons des opérations les plus usuelles de la *Géodésie* ; mais, afin de rendre ce que nous avons à dire le plus intelligible possible, avant d'entrer en matière, nous commencerons par exposer toutes les connaissances comprises dans le sommaire de cette Introduction.

CHAPITRE PREMIER.

Définitions et Principes.

8. On nomme *point* un espace dont les dimensions sont si petites qu'on n'en tient aucun compte en le considérant.

Il est le principe générateur des lignes, des surfaces et des corps, que nous allons définir successivement.

Des Lignes.

9. Une *ligne* est la trace d'un point qui se meut de quelque manière que ce soit.

10. On distingue deux sortes de lignes, savoir, la *ligne droite* et la *ligne courbe*.

11. La *ligne droite* est la trace d'un point qui se meut de manière à tendre toujours vers un autre point fixe; telle est AB (*Fig.* 1.ère).

12. De-là il suit, 1.° que la ligne droite représente la plus courte distance d'un point à un autre, puisqu'elle ne renferme aucun détour;

2.° Qu'entre deux points, on ne peut mener qu'une seule et même ligne droite; car il n'y en a qu'une seule qui puisse exprimer le plus court chemin qui les sépare;

3.° Que deux points suffisent pour déterminer la position ou la direction d'une droite, puisqu'entre eux on n'en peut mener qu'une;

4.° Enfin, que deux droites ne peuvent se rencontrer ou se couper qu'en un point unique, puisque si elles avaient deux points communs, elles auraient la même direction, se confondraient ensemble, et ne formeraient par conséquent qu'une seule et même ligne droite.

13. Toute ligne telle que ABCDE (*Fig.* 2), composée de plusieurs droites, se nomme *ligne brisée*.

14. On appelle *sécante* toute ligne qui en coupe une autre; telle est AbC par rapport à NR (*Fig.* 3).

15. On nomme *ligne courbe*, ou simplement *courbe*, la trace d'un point qui, dans son mouvement, se détourne infiniment peu à chaque pas pour revenir à un autre point immobile, comme AmB (*Fig.* 4).

16. D'où il résulte, que d'un point à un autre, on peut mener une infinité de courbes différentes; car le point générateur se détournant à chaque pas, il peut se détourner de toutes les manières imaginables et conséquemment décrire une infinité de courbes différentes. La figure 5 offre un exemple sensible de cette vérité.

17. De toutes les lignes courbes, nous ne considérerons que la *circonférence* et l'*ellipse*.

18. La *circonférence* ou *ligne circulaire* NPDRN (*Fig.* 6),

est une courbe dont tous les points sont également éloignés d'un point intérieur *c*, qu'on nomme *centre*.

Si l'on imagine que la droite *c*P soit mobile autour du point *c*, et qu'on lui fasse faire une révolution toute entière, il est évident que l'extrémité P décrira dans sa marche la circonférence PDRNP.

19. Toute droite *c*P, menée du centre à la circonférence, s'appelle *rayon* ou *demi-diamètre*; celle qui passe par le centre, en se terminant de part et d'autre à la courbe, telle que R*c*P, est un *diamètre*.

20. En vertu de la définition de la circonférence, tous les rayons sont égaux, ainsi que tous les diamètres.

21. Un arc est une portion de la circonférence, comme N*bs*; la droite N*s*, qui joint ses deux extrémités, est une *corde*.

22. On nomme *tangente* une ligne *am* qui n'a qu'un point de commun avec la circonférence. Elle est toujours perpendiculaire à l'extrémité du rayon *ca*, mené au *point de tangence* a.

23. Les Géomètres divisent la circonférence en 360 parties égales appelées *degrés*, chaque degré en 60 parties égales appelées *minutes*, la minute en 60 *secondes* et la seconde en 60 *tierces*.

Les noms de ces diverses parties se remplacent respectivement par les signes $^{\circ}$, $'$, $''$, $'''$. Ainsi $3^{\circ}\ 4'\ 5''\ 8'''$ expriment 3 degrés 4 minutes 5 secondes 8 tierces.

24. L'*ellipse*, vulgairement appelée *ovale*, est une courbe ADBEA (*Fig.* 7), telle que la somme des distances F*m* et F'*m* de chacun de ses points *m* à deux points intérieurs donnés F et F', qu'on appelle *foyers*, est constamment la même et égale à BA.

25. La droite AB se nomme le *grand axe* et DE le *petit axe* de l'ellipse; ces axes sont perpendiculaires (31) l'un à l'autre et se coupent mutuellement en deux parties égales

au point c, qui est le *centre* de la courbe. La distance cF, ou cF', comprise entre le centre et l'un quelconque des foyers, s'appelle *excentricité*.

26. Dans chaque ligne, droite ou courbe, on ne fait attention qu'à sa *longueur*, sans tenir aucun compte de sa largeur ni de son épaisseur, qui sont cependant réelles et nécessaires pour la rendre sensible.

Des Angles.

27. Lorsque deux lignes droites AB et AC se rencontrent ou se coupent en A (*Fig.* 8), l'espace qu'elles comprennent se nomme *angle;* les droites AB, AC, en sont les *côtés*, et leur point de *concours* ou d'*intersection* A, s'appelle *sommet*.

28. Tout angle se désigne par la lettre de son sommet quand il est seul, et par trois lettres, en plaçant celle du sommet au milieu, chaque fois que plusieurs angles ont leur sommet au même point.

Ainsi, pour désigner l'angle formé par les droites AB et AC (*Fig* 8), on dit simplement l'angle A; mais, pour énoncer celui qui est compris par les lignes CD et CB (*Fig.* 9), il faut dire l'angle DCB ou BCD; parce que si l'on disait seulement l'angle C, on ne saurait si l'on veut parler de l'angle DCB ou de l'angle DCA.

29. La grandeur d'un angle ne dépend nullement de la longueur de ses côtés, car on peut toujours alonger ou raccourcir ceux-ci sans que leur ouverture change. C'est pour cette raison que l'angle nCm (*Fig.* 9) est le même que DCB.

30. La *mesure* d'un angle est le nombre des degrés et parties de degré de l'arc compris entre ses côtés et décrit de son sommet pris pour centre.

Par exemple, l'angle BCD (*Fig.* 9) a pour mesure le nombre de degrés, de minutes, de secondes, contenus dans l'arc mn.

31. On donne le nom de *perpendiculaire* à toute droite AB (*Fig.* 10), qui en rencontre une autre CD sans pencher vers aucune des extrémités de celle-ci. Le point de rencontre B se nomme *pied* de la perpendiculaire.

32. Si l'on prend deux points *m* et *p*, à égales distances du pied B, chaque point *n* de la perpendiculaire en sera également éloigné; c'est à dire qu'on aura partout $mn = np$. Car, s'il en était autrement, la ligne AB pencherait plus vers le côté de la droite CD où cette distance serait la plus petite; ce qui est contraire à la définition.

33. Il suit évidemment de là, que pour qu'une droite soit *perpendiculaire* à une autre, il suffit qu'elle ait deux de ses points également distans de deux points situés sur cette autre. Car, remplissant cette condition, tous les différens points de la première ligne y satisferont aussi, puisque deux points déterminent la direction d'une droite (12).

Remarque. La perpendiculaire AB mesure la plus courte distance du point A à la droite CD, car toute autre ligne A*r* est plus grande que AB. En effet, si l'on prolonge AB au-dessous de CD d'une quantité BS = BA, puisque B*r* est perpendiculaire à AS, on aura *r*S = *r*A; mais la droite ABS est plus petite que la ligne brisée A*r*S; donc aussi AB, moitié de l'une, est plus petite que A*r*, moitié de l'autre.

34. On distingue trois sortes d'angles, qui sont : l'angle *droit*, tel que ABC (*Fig.* 11), dont les côtés sont perpendiculaires entre eux, l'angle *aigu* qui est plus petit qu'un droit, comme DBC; enfin l'angle *obtus* DBN, qui est plus grand qu'un droit.

Remarque. L'angle droit vaut 90°, ou le *quart* de la circonférence; l'angle aigu en vaut moins, et l'angle obtus davantage. Ainsi, un angle de 60° est aigu; un de 120° est obtus.

35. Deux angles, tels que DCB et DCA (*Fig.* 9), formés

par les droites DC et AB qui se rencontrent en C, se nomment *angles de suite* ou *angles adjacens*, et leur somme vaut toujours 180°, ou deux angles droits. Car si du point C, considéré comme centre, et avec un rayon C*m* d'une longueur arbitraire, on décrit la demi-circonférence *mnp*, les angles DCB et DCA auront respectivement pour mesure les arcs *mn* et *np*; or, ces arcs réunis forment la demi-circonférence *mnp*; donc aussi les deux angles DCB et DCA valent ensemble cette demi-circonférence, ou 180°.

36. Le *supplément* d'un angle ou d'un arc est le nombre de degrés qu'il faut ajouter à l'un ou à l'autre pour valoir 180°.

Par exemple, le supplément d'un angle de 135° est un angle de 45°, parce que 135° + 45° = 180°.

37. D'où il suit, que les angles ou les arcs égaux ont le même supplément, puisqu'il faut leur ajouter le même nombre de degrés pour qu'ils vaillent chacun 180°.

38. Réciproquement, les angles ou les arcs qui ont le même supplément sont égaux; car si après les avoir augmentés du même nombre de degrés ils sont égaux, c'est une preuve qu'ils l'étaient auparavant.

39. Deux angles adjacens sont supplémens l'un de l'autre; car, pris ensemble, ils valent 180° (35).

40. On nomme *angles opposés au sommet*, deux angles tels que AEC et DEB, ou bien AED et CEB (*Fig.* 12), dont l'un est formé par les prolongemens des côtés de l'autre.

41. Les angles opposés au sommet sont égaux. En effet, l'angle AED ou CEB est à la fois supplément des angles AEC et DEB (39); ces derniers sont donc égaux (38).

42. On appelle *complément* d'un angle ou d'un arc, ce qu'il faut y ajouter pour valoir 90°.

Ainsi, le complément d'un angle de 65° est un angle de 25°, car 65° + 25° = 90°.

43. De-là il suit, que les angles aigus qui sont égaux, ont le même complément; et réciproquement, que les angles aigus qui ont le même complément sont égaux.

44. Une ligne DB (*Fig.* 11) est *oblique* à un autre NC, quand elle est inclinée sur celle-ci : ensorte que toute oblique fait toujours avec la ligne qu'elle rencontre deux angles adjacens dont l'un est aigu et l'autre obtus.

45. Deux lignes sont dites *parallèles*, lorsqu'elles sont partout également distantes, telles sont AB et CD (*Fig.* 13).

Il suit évidemment de cette définition que deux parallèles ne peuvent jamais se rencontrer, à quelque distance qu'on les prolonge.

46. En considérant ce que renferment les n.os 31, 44 et 45, on concevra facilement qu'une ligne peut avoir à l'égard d'une autre trois positions différentes : elle peut être *perpendiculaire*, *oblique* ou *parallèle*.

Dans le premier cas, les deux lignes font entre elles des angles *droits*, qui sont égaux entre eux ; dans le second, elles en font deux inégaux, l'un *aigu* et l'autre *obtus* ; enfin dans le troisième, elles ne forment point d'angles, car pour en former, il faudrait qu'elles se rencontrassent, ce qui est impossible (45).

Des Surfaces.

47. On nomme *surface* tout ce qui présente deux dimensions, *longueur* et *largeur*.

48. Il y a deux sortes de surfaces, qui sont : la *surface plane* ou le *plan*, et la *surface courbe*.

49. Le *plan* est une surface parfaitement unie, et sur laquelle on peut appliquer exactement une ligne droite en tous sens. Une feuille de papier représente assez bien un plan.

50. On appelle *surface courbe*, celle qui n'est pas un plan, ni composée de plans. Une boule nous montre une surface courbe.

51. Une droite AB est *perpendiculaire* à un plan MN (*Fig.* 14), lorsqu'elle ne penche d'aucun côté de ce plan.

52. Lorsque deux plans AB et CD (*Fig.* 15) se coupent

la droite EF, suivant laquelle ils se rencontrent, se nomme leur *intersection*. L'angle BFD qu'ils font ensemble s'appelle *inclinaison*, et quand cet angle est *droit*, les plans sont dits *perpendiculaires* entre eux.

53. Une droite est parallèle à un plan, lorqu'elle ne peut le rencontrer, à quelque distance qu'on prolonge la droite et le plan.

54. Deux plans sont *parallèles*, quand ils sont partout également éloignés l'un de l'autre.

Des Figures planes.

55. On donne ce nom à tout plan terminé par des lignes.

Si les lignes sont *droites*, l'espace qu'elles entourent s'appelle *figure rectiligne* ou *polygone*; si elles sont *courbes*, la figure est dite *curviligne*; enfin, si les unes sont *droites* et les autres *courbes*, on la nomme *mixtiligne*.

Dans tous les cas, ces lignes sont les *côtés* de la figure, et leur somme en est le *contour* ou *périmètre*.

Des Figures rectilignes ou des Polygones.

56. Le plus simple des polygones est le *triangle*; il a trois angles et trois côtés.

On nomme *quadrilatère*, le polygone de quatre côtés; *pentagone*, celui de cinq; *hexagone*, celui de six, etc.

Ces figures se désignent encore en énonçant simplement le nombre de leurs côtés. On dit alors : un polygone de 4, de 5, etc. côtés.

Des Triangles.

57. On distingue six sortes de triangles, trois par rapport aux côtés et trois par rapport aux angles.

Les premiers sont :

Le triangle *équilatéral* (*Fig.* 16), qui a tous ses côtés égaux;

Le triangle *isocèle* (*Fig.* 17), dont les deux côtés seulement sont égaux;

Le triangle *scalène* (*Fig.* 18), dont tous les côtés sont inégaux.

Les trois autres sont :

Le triangle *rectangle* (*Fig.* 19), qui a un angle droit;

Le triangle *obtusangle* (*Fig.* 20), qui a un angle obtus;

Le triangle *acutangle* (*Fig.* 21), dont tous les angles sont aigus.

Remarque I. Dans le triangle équilatéral, tous les angles sont égaux; dans le triangle isocèle, deux seulement sont égaux, ceux opposés aux côtés égaux; dans le scalène, ils sont tous inégaux.

D'où il suit évidemment, que si les trois angles d'un triangle sont égaux, il est *équilatéral*; que si deux seulement sont égaux, les côtes opposés le seront aussi et il sera *isocèle*; qu'enfin il sera *scalène*, quand tous ses angles seront inégaux.

Remarque II. Le côté AC opposé à l'angle droit B d'un triangle rectangle ABC (*Fig.* 19), s'appelle *hypothénuse*.

58. La *base* d'un triangle est le côté quelconque sur lequel on le suppose appuyé; le sommet de l'angle opposé se nomme alors le *sommet* du triangle, et sa *hauteur* est la perpendiculaire abaissée du sommet sur la base, ou sur son prolongement.

Par exemple, BC est la *base*, A le sommet et AP la *hauteur* du triangle ABC (*Fig.* 20, ou *Fig.* 21).

Des Quadrilatères.

59. Il y a six espèces de quadrilatères:

Le *Quarré* (*Fig.* 22), qui a tous ses côtés égaux et ses angles droits.

Le *Rectangle* (*Fig.* 23), qui a ses angles droits et deux côtés contigus égaux.

Le *Parallélogramme* ou *Rhombe* (*Fig.* 24), dont les côtés opposés sont egaux et parallèles, sans que ses angles soient droits.

Le *Losange* (*Fig.* 25), dont les quatre côtés sont égaux sans avoir les angles droits.

Le *Trapèze* (*Fig.* 26). dont deux côtés seulement sont parallèles et inégaux; on les appelle *bases* du trapèze.

Enfin, le *Quadrilatère* proprement dit, est une figure terminée par quatre côtés quelconques, faisant entre eux des angles arbitraires, comme ABCD (*Fig.* 27).

60. La *hauteur* d'un parallélogramme (*Fig.* 24), est la perpendiculaire *np*, menée d'un point du côté AB à son opposé CD, qui lui sert de *base*.

61. La *hauteur* d'un trapèze est la perpendiculaire *np* (*Fig.* 26). abaissée d'un point de sa base supérieure AB sur sa base inférieure CD.

Des Polygones irréguliers.

62. On entend par *polygones irréguliers* ceux qui ont des angles et des côtés inégaux.

63. Tout angle d'un polygone est dit *saillant* ou *rentrant*, selon que son ouverture est dans l'intérieur ou à l'extérieur de la figure. Par exemple, AFE (*Fig.* 28) est un *angle saillant*, et BCD un *angle rentrant*.

64. On appelle *diagonale* la droite qui joint les sommets de deux angles quelconques opposés d'un polygone. Telle est FD (*Fig.* 28).

Des Polygones réguliers.

65. Un polygone est *régulier* quand tous ses côtés et ses angles sont égaux. Le triangle équilatéral et le quarré sont de cette espèce. Il y a des polygones réguliers de tout nombre de côtés.

66. Le *centre* d'un polygone régulier est un point intérieur également distant de tous les sommets de ses angles; son *apothème* est la perpendiculaire menée du centre sur l'un quelconque de ses côtés.

Par exemple, l'hexagone régulier ABCDEF (*Fig.* 29)

a pour centre le point *o*, et pour *apothème* la perpendiculaire *om*.

Des Figures curvilignes.

67. Le *cercle*, la *couronne circulaire*, le *plan* et la *couronne elliptiques*, sont les seules figures curvilignes dont nous parlerons.

68. On nomme *cercle* le plan terminé par une circonférence : son *centre* est le même que celui de la courbe qui l'entoure.

69. Sous la dénomination de *couronne circulaire*, on désigne l'espace ABCDAMPRSM (*Fig.* 30) compris entre deux circonférences *concentriques*, ou qui ont le même centre *o*.

70. Par *plan elliptique*, on entend celui qui est terminé par une ellipse.

71. La *couronne elliptique* est l'espace renfermé entre deux ellipses concentriques et d'axes différens, telle que ABCDAEFGHE (*Fig.* 31).

Des Figures mixtilignes.

72. Parmi ces figures nous considérerons le *secteur*, le *segment* et le *trapèze circulaire*.

73. On appelle *secteur* toute portion de cercle ACB (*Fig.* 32) comprise entre un arc AB et deux rayons CA, CB, menés à ses extrémités.

Remarque. La figure CAMBC est aussi un *secteur*, qu'on pourrait appeler *grand secteur* pour le distinguer de celui dont l'arc est moindre qu'une demi-circonférence.

74. Un *segment* est l'espace renfermé par un arc et sa corde, comme EDME.

Remarque. Chaque corde divise le cercle en deux segmens, qui sont égaux ou inégaux, selon qu'elle passe ou ne passe pas par le centre.

75. Le *trapèze circulaire* DEFGD est une partie de cercle terminée par deux cordes parallèles EF, FG, et les arcs EF, DG, qu'elles comprennent.

Des Corps.

76. Un *corps* ou *solide*, est ce qui réunit les trois dimensions de l'étendue, *longueur*, *largeur* et *hauteur*.

77. On distingue deux sortes de corps : les *polyèdres* et les *corps ronds*.

Des Polyèdres.

78. On nomme *polyèdre* tout corps terminé par des polygones qui en sont les *faces*.

Si toutes les faces sont des polygones réguliers égaux, le polyèdre est dit *régulier*; si cette condition n'a pas lieu, il est *irrégulier*.

79. Les *côtés* ou *arêtes* d'un polyèdre sont les droites suivant lesquelles les faces se réunissent, et les points qui terminent ces droites en sont les *sommets*.

Par exemple, les droites SA, AB, SB, BC, etc., sont les *côtés* ou *arêtes*, et les points S, A, B, etc., les *sommets* du polyèdre SABCDE (*Fig.* 33).

80. Le nombre des polyèdres irréguliers est illimité, par la raison que leurs *faces* pouvant être des triangles, des quadrilatères, des polygones quelconques, arrangés arbitrairement, il doit nécessairement en résulter une infinité de figures diverses, qui sont autant de polyèdres irréguliers.

Nous allons d'abord considérer ceux de ces polyèdres auxquels on a donné des noms particuliers; ensuite nous passerons aux polyèdres réguliers.

81. On nomme *pyramide* un corps terminé par plusieurs faces triangulaires, qui ont toutes leur sommet au même point; comme SABCDE (*Fig.* 33).

Le point S est le *sommet* de la pyramide; le polygone ABCDE, sur lequel elle paraît s'appuyer, forme sa *base*; la perpendiculaire SP, abaissée du sommet sur la base, est sa *hauteur*.

82. La pyramide est dite *triangulaire*, *quadrangulaire*

pentagonale, etc., selon qu'elle a pour base un *triangle*, un *quadrilatère*, un *pentagone*, etc.

83. Une pyramide est *régulière*, quand elle a pour base un polygone régulier, et que la perpendiculaire abaissée de son sommet passe par le centre de cette base. Telle est SABCD (*Fig.* 34).

Dans toute pyramide régulière, les perpendiculaires abaissées du sommet sur chaque côté de la base, comme S*n*, S*m*, etc (*Fig.* 34), se nomment *apothêmes*; elles sont toutes égales, parce que tous les plans triangulaires qui forment ce solide sont égaux.

84. On appelle *prisme* un corps compris sous deux polygones égaux et parallèles, et dont toutes les autres faces sont des parallélogrammes. Tel est ABCDEA′B′C′D′E′ (*Fig.* 35).

85. Les deux polygones opposés égaux ABCDE et A′B′C′D′E′, sont les *bases* du prisme; la perpendiculaire B*o*, menée d'un point de l'une de ses bases sur l'autre, en est la *hauteur*.

86. Le prisme est *triangulaire*, *quadrangulaire*, etc., suivant que ses bases sont des triangles, des quadrilatères, etc.

87. On donne le nom de *parallélepipède* au prisme dont les bases sont des parallélogrammes: il a conséquemment toutes ses faces parallélogrammiques. Voyez la figure 36.

Un parallélepipède est *rectangle* quand toutes ses faces sont des rectangles (*Fig.* 37); si toutes sont des quarrés, il prend alors le nom de *cube*, ou celui d'*hexaèdre régulier* (93).

88. Un prisme est *droit*, lorsqu'une *arête* est perpendiculaire sur le plan d'une de ses bases; dans tout autre cas, il est *oblique*.

Le parallélepipède rectangle (*Fig.* 37) est donc un *prisme droit*, et la figure 35 un *prisme oblique*.

89. Si on coupe une pyramide SABCDE (*Fig* 33) par un plan *abcde* parallèle à sa base, et qu'on enlève la partie supérieure S*abcde*, le solide restant *abcde*ABCDE se

nomme *tronc de pyramide.* Sa *hauteur* est la perpendiculaire oP, qui mesure la distance de ses deux bases.

90. En coupant un prisme triangulaire ABCA'B'C' (*Fig* 38) par un plan *mnz* incliné à ses bases, chaque partie *mnz*ABC, ou *mnz*A'B'C', qui en résulte, forme ce qu'on appelle un *tronc de prisme* ou un *prisme tronqué.*

91. Dans un polyèdre quelconque, on nomme *faces latérales* toutes celles qui entourent les bases; elles font ensemble la *surface convexe* du polyèdre, et la *surface totale* comprend de plus les bases du solide.

Ainsi, dans la pyramide SABCD (*Fig.* 34), les *faces latérales* sont SAB, SBC, SCD et SDA; ces faces réunies composent la *surface convexe*, et pour avoir la *surface totale*, il faut augmenter l'autre du polygone ABCD. Dans le prisme ABCA'B'C' (*Fig.* 38), les *faces latérales* sont ABB'A', BCC'B' et ACC'A'; leur somme donne la *surface convexe*, à laquelle on doit ajouter les deux bases ABC et A'B'C' pour obtenir la *surface totale.*

92. La *diagonale* d'un polyèdre est la droite qui joint deux de ses sommets non situés dans la même face : telle est BH (*Fig.* 37).

93. Il y a cinq polyèdres réguliers, qui sont :

Le *tétraèdre*, compris sous quatre triangles équilatéraux (*Fig.* 39);

L'*hexaèdre* ou *cube*, qui est terminé par six quarrés égaux (*Fig.* 40);

L'*octaèdre*, formé par huit triangles équilatéraux (*Fig.* 41);

Le *dodécaèdre*, dont la surface est composée de douze pentagones (*Fig.* 42);

L'*icosaèdre*, dont la forme est déterminée par la réunion de vingt triangles équilatéraux (*Fig.* 43).

94. Le *centre* d'un polyèdre régulier est un point intérieur également éloigné de tous ses sommets. On nomme *apothème* la perpendiculaire menée du centre au milieu d'une face quelconque.

Des Corps ronds.

95. On appelle *corps rond* tout solide produit par la révolution d'un plan autour d'une droite invariable qui prend le nom d'*axe*.

Les corps ronds, dont on s'occupe spécialement dans la Géométrie élémentaire, sont au nombre de trois : le *cylindre droit*, le *cône droit* et la *sphère*.

96. Le *cylindre droit* est produit par un rectangle ABCD (*Fig.* 44) qu'on imagine tourner autour d'un de ses côtés immobile CD. Dans ce mouvement les côtés BC et AD, perpendiculaires à l'axe CD, décrivent deux cercles égaux *Bmns*B, *Am'n's'*A, qui sont les *bases* du cylindre, et la droite *génératrice* AB trace sa *surface convexe*.

97. Le *cône droit* est formé par la révolution d'un triangle rectangle SAC (*Fig.* 45) autour du côté SC. Ce corps a pour *base* le cercle décrit par CA, pour *sommet* le point S, pour *axe* la droite SC, et pour *génératrice* l'hypothénuse SA, qu'on nomme encore *côté* ou *apothême*.

98. Si l'on coupe un cône droit (*Fig.* 45) par un plan *anbma* parallèle à sa base, puis qu'on en retranche la partie supérieure S*anbma*, celle qui reste *anbma*ANBMA prend le nom de *cône tronqué*.

On l'imagine produit par le trapèze *ca*AC, tournant autour de *c*C. La ligne immobile *c*C est l'*axe* ou la *hauteur* du tronc; les cercles ANBMA, *anbma*, en sont les *bases*; *a*A en est le *côté*.

99. La *sphère* AMBNA (*Fig.* 46), est un corps terminé par une surface courbe dont tous les points sont également distans d'un point intérieur *c*, que l'on nomme *centre*.

On peut concevoir ce solide engendré par la révolution d'un demi-cercle AMB autour de son diamètre ou *axe* AB.

100. L'intersection d'un plan avec la surface de la sphère est toujours une *circonférence* qui comprend un *cercle de la sphère*.

Ce cercle est *grand* ou *petit*, suivant que son plan passe ou ne passe point par le centre de la sphère. Ainsi, MONXM est un *grand cercle*, et DeFgD un *petit cercle*.

101. On nomme *fuseau* une partie AMBsA de la surface de la sphère comprise entre les arcs de deux demi-grands cercles AMB et AsB, qui se terminent à un diamètre commun AB.

102. La portion du solide de la sphère renfermée par les plans AMB, AsB, et le fuseau AMBsA, s'appelle *coin* ou *onglet sphérique*.

103. Une *zone* est la portion de la surface de la sphère comprise entre les circonférences de deux cercles parallèles, qui en sont les *bases*.

Par exemple, DeFgDMONXM est une *zone* qui a pour *bases* les lignes circulaires MONXM et DeFgD.

Si l'un des plans qui déterminent les bases était *tangent* à la sphère, c'est-à-dire, s'il n'avait qu'un point de commun avec elle, alors la zone n'aurait qu'une base, et on lui donne le nom de *calotte sphérique*. Telle est la surface ADeFgD.

104. La *hauteur* d'une zone est la perpendiculaire qui mesure la distance des deux plans parallèles; si la zone n'a qu'une base, c'est la perpendiculaire abaissée du point le plus élevé de sa surface convexe sur le plan de sa base, et on la nomme *flèche*.

La première des deux zones citées plus haut a *cz* et la seconde A*z* pour *hauteur*.

105. La partie du solide de la sphère renfermée entre deux cercles parallèles, qui en sont les *bases*, s'appelle *segment sphérique*. Tel est le corps compris sous la zone DeFgDMONXM.

Il peut arriver que l'un des deux cercles soit tangent à la sphère; dans ce cas le *segment sphérique* n'a qu'une *base*, comme ADeFgD.

La *hauteur* d'un segment sphérique est la même que celle de la zone qui le comprend.

106. Le *secteur sphérique* cDeFgDA est un corps rond engendré par la révolution d'un secteur circulaire cDA autour d'un de ses rayons cA. Il a son *sommet* c au centre de la sphère, et pour *base* la calotte sphérique DeFgDA. On pourrait lui donner le nom de *cône sphérique*.

107. Un *polygone sphérique* est une partie de la surface de la sphère comprise par plusieurs arcs de grands cercles, qui en sont les *côtés*, et dont le nombre ne peut être moindre que trois. Le plus simple est donc le *triangle sphérique*; ensuite vient le *quadrilatère*, qui a quatre côtés; puis le *pentagone*, qui en a cinq; etc. Ainsi, ABD (*Fig.* 47) est un *triangle* et ABDE (*Fig.* 48) un *quadrilatère sphériques*.

108. Un triangle sphérique est *rectangle*, *bi-rectangle*, *tri-rectangle*, selon qu'il a un, ou 2, ou 3 angles droits.

109. Le triangle *tri-rectangle* représente la *huitième* partie de la surface de la sphère; on le prend pour unité de mesure dans l'évaluation de la surface du fuseau et des polygones sphériques.

Par exemple, si un fuseau, ou un polygone sphérique, a pour expression de la mesure de sa surface la fraction $\frac{3}{4}$, cela signifie les $\frac{3}{4}$ du triangle tri-rectangle, et conséquemment les $\frac{3}{4}$ du $\frac{1}{8}$, ou les $\frac{3}{32}$ de la surface de la sphère dont le fuseau ou le polygone fait partie.

D'où il suit que pour avoir la mesure d'une partie quelconque de la surface de la sphère, il est nécessaire de connaître d'abord celle de cette dernière.

110. On nomme *pyramide sphérique*, celle qui a pour *base* un polygone sphérique, et dont le *sommet* est au centre de la sphère. Telles sont CABD et CABDE (*Fig.* 47 et 48).

Une pyramide sphérique est *triangulaire*, *quadrangulaire*, *pentagonale*, etc., selon que sa base est un *triangle*, un *quadrilatère*, un *pentagone*, etc.

CHAPITRE II.

Des Instrumens dont on fait usage dans les diverses opérations de la Géométrie.

111. Sous la dénomination générale d'*Instrument*, on entend tout ce qui sert à faire quelque chose.

112. Parmi ceux qui appartiennent à la Géométrie, les uns servent à tracer ou construire des figures sur le papier, et les autres à opérer sur le terrain.

Des Instrumens propres à tracer les figures sur le papier.

113. Les principaux instrumens qu'on emploie pour cet objet sont : la *règle*, l'*équerre*, le *tire-ligne*, le *compas ordinaire* et le *rapporteur*.

De la Règle.

114. La *règle* (*Fig.* 49) est un instrument en bois de poirier ou d'ébène, qui a la forme d'un *parallélepipède rectangle* (87) dont la longueur est très-grande relativement à ses deux autres dimensions.

Remarque. Il est nécessaire que les règles soient bien dressées en tous sens. Quelquefois on leur fait un chanfrein, d'un côté seulement, pour empêcher l'encre de couler sur le papier.

Vérifier une Règle.

115. Pour s'assurer *si une règle est bien faite*, on trace sur un plan une droite AB (*Fig.* 50), au moyen d'un bi

tendu et noirci ; puis on met sur le plan la règle RS, et on examine si son côté R*n* coïncide exactement avec la ligne AB, c'est-à-dire s'il ne s'en écarte ni à droite, ni à gauche : si cette condition a lieu, la règle est juste.

Usage de cet Instrument.

116. La règle sert à tracer et à prolonger des lignes droites.

1.° Pour tracer une ligne droite de A en B (*Fig.* 49), on applique le côté R*n* d'une règle sur les deux points A et B, ou très-près et à des distances égales de ces deux points, puis avec un crayon ou une plume qu'on fait glisser le long de la règle, on trace la ligne AB.

2.° Qu'il s'agisse de prolonger une droite AB vers D (*Fig.* 51). A une petite distance de l'extrémité B prenez un point C, et par les points C et B, menez la ligne CBD, qui sera le prolongement de AB, car deux points suffisent pour fixer la direction d'une droite (12).

En répétant cette opération, il est évident qu'on pourra prolonger la droite donnée aussi loin que l'on voudra.

De l'Équerre.

117. L'*équerre* est un instrument en bois de poirier ou d'ébène, ayant la forme d'un *prisme droit* (88) dont les bases sont des triangles rectangles *isocèles* (*Fig.* 52), ou *scalènes* (*Fig.* 53) On lui donne environ quatre lignes d'épaisseur, et, pour en rendre l'usage plus facile, on y fait un trou vers le milieu.

118. L'équerre est encore composée de deux règles AB et BC (*Fig.* 54), fixes ou mobiles, qui se joignent perpendiculairement suivant B*s*, de manière que l'angle ABC est *droit ;* mais sous cette forme, elle est beaucoup moins commode que sous la précédente.

Moyen de la vérifier.

119. Après avoir placé l'instrument sur un plan, tirez le long de ses deux côtés perpendiculaires les lignes AB et BD (*Fig.* 55), qui doivent former entre elles un angle droit au point de rencontre B ; prolongez une de ces lignes BD à volonté vers S ; ensuite, du point B et à différentes ouvertures de compas (123), décrivez les demi-circonférences *pon*. Observez si l'arc *op* est toujours égal à l'arc *on* ; cela doit être si la ligne AB est perpendiculaire sur BD, car AB ne penchant alors d'aucun côté, elle fera l'angle ABS égal à l'angle ABD, et par conséquent l'arc *op*, qui est la mesure de l'un, doit être égal à l'arc *on*, qui est la mesure de l'autre.

Remarque. Il convient de décrire plusieurs demi-circonférences, parce qu'une différence insensible sur une petite, devient très-apparente sur une grande.

Manière de s'en servir.

120. L'équerre sert à tracer des lignes parallèles entre elles, ou parallèles à d'autres lignes données, sans le secours de deux points.

Voulant, par exemple, mener par les points *a*, *b*, *c*, des droites parallèles à ED (*Fig.* 56), on applique exactement le côté *zm* de l'équerre, ou le côté *zn*, sur la ligne ED ; puis, en accotant la règle RS sur l'autre côté de l'équerre, on fait glisser celle-ci le long de la règle, en appuyant un peu dessus, ayant soin de l'arrêter à chaque point où l'on doit tirer une ligne.

S'il est nécessaire de mener encore d'autres lignes parallèles à ED, au-dessous de *xh* ; pressant un peu sur l'équerre, on fera glisser la règle RS jusqu'en R' ; puis, en appuyant sur celle-ci, on fera glisser l'équerre à son tour jusqu'à la ligne *xh*, et successivement au-dessous, comme on l'a fait par rapport à ED.

121. L'équerre sert encore pour élever ou abaisser des perpendiculaires sur une ligne donnée.

D'abord, pour élever une perpendiculaire au point A sur la droite CD (*Fig.* 57), on place l'un des côtés *zm* de l'instrument sur CD, de manière que le point *z* corresponde bien exactement avec le point A, et le point *m* avec un point quelconque de la droite CD; ensuite, au moyen d'une plume ou d'un crayon, on tire le long de l'autre côté *zn* la ligne AB, qui est la perpendiculaire demandée. En effet, cette ligne fait avec AD un angle droit, ainsi que les deux côtés de l'équerre.

En second lieu, pour abaisser d'un point donné B une perpendiculaire sur une droite CD, on applique sur CD le côté *zm* de l'équerre que l'on fait glisser ensuite sur cette ligne jusqu'à ce que le second côté *zn* rencontre le point B; alors tirant BA, on a la perpendiculaire demandée.

Du Tire-Ligne.

122. Le *tire-ligne* est composé de deux petites lames d'acier qui se rapprochent ou s'éloignent à volonté par le moyen d'une vis. C'est la distance de l'une à l'autre, que l'on remplit d'encre, qui détermine la force du trait. Voyez la figure 58.

Des Compas ordinaires.

123. On distingue deux sortes de compas ordinaires, le *compas de division* et celui à *pointes changeantes.*

Le premier (*Fig.* 59) est composé de deux branches de cuivre à charnière, terminées par deux pointes d'acier fixes.

Le second est également composé de deux branches terminées par des pointes d'acier, mais dont l'une est mobile ou peut être changée, à volonté, de pointe d'acier en porte-crayon, et de porte-crayon en tire-ligne.

De leur usage.

124. Le compas de division sert à mesurer et à partager

les distances; on emploie l'autre pour décrire des circonférences et des arcs sur le papier.

1.° Voulant mesurer la droite AB (*Fig.* 60), on ouvre le compas d'une quantité égale à la ligne *n*, prise pour unité de mesure, puis on porte cette ouverture sur AB autant de fois qu'elle peut y être comprise; le résultat donne la mesure de cette ligne.

Remarque. On obtiendrait pareillement la longueur d'un arc *ab* (*Fig.* 61), en prenant pour unité une portion determinée *n* d'une circonférence de même rayon.

2.° En ouvrant plus ou moins le compas, on peut assez facilement diviser une ligne donnée, ou un arc, en 2, ou 3, ou 4, parties égales; mais, comme cette méthode n'est pas rigoureusement exacte, nous donnerons plus loin les moyens géométriques de faire ces sortes d'opérations.

3.° Pour décrire une *circonférence*, on substitue d'abord le porte-crayon ou le tire-ligne à la pointe mobile du compas, suivant qu'on veut la tracer au crayon ou à l'encre; on applique ensuite l'extrémité de la branche fixe au point qui doit servir de centre à la circonférence, et en faisant faire à l'autre, après l'avoir préalablement écartée de la première d'un espace égal au rayon donné, une révolution toute entière, la circonférence se trouve décrite. Voyez la figure 62.e

4.° On trace un *arc* comme on décrit une circonférence, seulement on a soin de partir de l'une des extrémités et de s'arrêter à l'autre si l'arc est limité; dans le cas contraire, on part d'un point arbitraire et on le termine comme le besoin l'exige.

Du Rapporteur.

125. Le *rapporteur* (*Fig.* 63) est un demi-cercle de cuivre ou de corne, dont le bord, appelé *limbe*, est divisé en 180 parties égales ou degrés, ayant son *centre* marqué par une petite échancrure *c*.

Son usage.

126. Cet instrument sert à mesurer les angles et à en former sur le papier.

1.° Pour mesurer l'angle BAC (*Fig.* 64), on applique au sommet A le centre *c* du rapporteur, et le rayon *cb* du même instrument sur l'un AC des côtés de l'angle; l'autre côté AB, prolongé s'il est nécessaire, fait connaître, par celle des divisions du limbe par laquelle il passe de combien de degrés est l'arc compris entre les côtés de l'angle BAC, et conséquemment quelle est sa mesure (30).

2.° Pour faire un angle d'un nombre déterminé de degrés, on applique le rayon *cb* du rapporteur sur la ligne qui doit servir de côté à l'angle qu'on veut former, et de manière que le centre *c* soit sur le point où cet angle doit avoir son sommet; puis cherchant sur le limbe le nombre de degrés en question, on marque sur le papier un point en cet endroit; par ce point et par le sommet, on tire une ligne droite, qui fait alors avec la première l'angle demandé.

Des Instrumens dont on se sert pour opérer sur le terrain.

127. Pour opérer sur le terrain, il est d'une nécessité indispensable d'avoir les différens instrumens que nous allons décrire.

Des Jalons.

128. On nomme *jalons* des bâtons, comme AB (*Fig.* 65), d'environ deux mètres de long, pointus à un bout pour être plus facilement enfoncés en terre, et fendus à l'autre afin de recevoir un petit rectangle *rx* de carton ou de bois, appelé *mire*, qui sert à faciliter la direction des rayons visuels (*).

(*) Par *rayons visuels*, on entend la direction de l'œil de l'observateur à l'objet observé : c'est toujours une droite imaginaire dont les extrémités sont à l'œil et à l'objet.

129. On fait usage des jalons pour tracer des lignes sur le terrain.

Par exemple, voulant tracer dans la campagne la ligne droite AB (*Fig.* 66), on place à l'une des extrémités B un jalon BD, qu'on rend le plus vertical possible au moyen d'un fil-à-plomb (*); on en fixe un second de la même manière à l'extrémité A, et, se plaçant à une petite distance de celui-ci on en fait planter successivement plusieurs autres *cd* *cd* etc., entre A et B, qui soient bien dans l'alignement des deux premiers, ce qui a lieu quand, approchant l'œil du jalon A*d* et regardant B*d*, tous les jalons *cd*, *cd*, dont il s'agit, paraissent se confondre avec B*d*; alors tous les points *c*, *c*. etc., ainsi déterminés, appartiennent à la ligne droite AB et en marquent la direction sur le terrain.

De la Chaîne.

130. La *chaîne* (*Fig.* 68) est formée de petites baguettes de fer de deux décimètres de long, attachées les unes aux autres par des petits anneaux de même métal, et de cinq en cinq par des anneaux de cuivre qui servent à séparer plus distinctement les mètres qui la composent. Elle a ordinairement cinq ou dix mètres de long, et ses extrémités sont garnies de deux poignées, qui doivent être comprises dans sa longueur totale.

Remarque. Les chaînes anciennes sont composées de toises, pieds et pouces dont la grandeur varie suivant la mesure du pays. On peut s'en servir pour vérifier de vieilles opérations, mais dans tout autre cas on doit préférer la *chaîne métrique* décrite précédemment.

Des Fiches.

131. On nomme ainsi dix petits piquets de fer (*Fig.* 69), dont on fait usage pour tendre la chaîne et se rappeler plus

(*) Un *fil-à-plomb* n'est autre chose qu'un petit poids de plomb ou de cuivre suspendu à un fil, comme le représente la figure 67.

facilement le nombre de chaînes que contient une distance que l'on mesure.

De l'Équerre d'Arpenteur.

150. *L'équerre d'arpenteur* (*Fig.* 70) est ordinairement un cercle traversé par deux diamètres *mn*, *cd*, qui se coupent à angles droits, et aux extrémités desquels s'élèvent perpendiculairement quatre *pinnules* ou petites fenêtres à travers lesquelles on regarde les objets. Chaque pinnule est fendue par le haut et ouverte par le bas, ou réciproquement, et le milieu de l'ouverture est traversé dans le sens de sa hauteur par une soie ou un crin, comme le représente la figure 71.e

Cet instrument est supporté par un bâton (*Fig.* 72) de la longueur d'un mètre cinq décimètres dont un bout est garni d'une pointe d'acier et l'autre destiné à entrer dans la douille de l'équerre. Quelque fois aussi, il repose sur un pied à trois branches (*Fig.* 76).

155. On se sert de l'équerre d'arpenteur pour tracer des perpendiculaires et mener des parallèles; mais comme la vérification d'un instrument doit toujours en précéder l'emploi, voici d'abord de quelle manière on peut s'assurer de la justesse de celui dont il s'agit.

Placez l'équerre d'arpenteur sur un point quelconque d'un alignement AB (*Fig.* 73), pris à volonté, de sorte que l'un de ses diamètres *mn* corresponde aussi avec cet alignement; faites planter un jalon P dans la direction de l'autre diamètre *cd*, et tournez ensuite l'instrument jusqu'à ce que les deux pinnules *c*, *d*, aient pris la place des deux premières *m*, *n*: alors si, en regardant par les pinnules du diamètre *mn*, le rayon visuel tombe toujours sur le jalon P, c'est une preuve que l'instrument est juste; car son exactitude ne dépend que de l'égalité des quatre angles formés par les deux diamètres *mn* et *cd*, dans le cas actuel, cette condition est remplie.

154. Maintenant, soit à élever, par le point F, une perpendiculaire sur la ligne AB (*Fig.* 73), tracée dans la campagne.

Pour y parvenir, placez l'équerre de manière que son centre réponde bien verticalement au point F; placez un de ses diamètres *mn* dans l'alignement des jalons A, B, plantés sur la droite AB: arrêtez l'instrument dans cette situation; ensuite regardez par les pinnules du second diamètre *cd*, et faites planter un jalon P dans la direction *cd*: la ligne FP sera perpendiculaire à AB, par la construction de l'équerre dont les deux diamètres se coupent à angles droits.

En second lieu, qu'il s'agisse d'abaisser du point P une perpendiculaire sur la droite AB.

On commencera par planter un jalon au point P, puis on fera courir l'instrument sur la ligne AB, jusqu'à un point F d'où, un de ses diamètres *mn* répondant toujours exactement à la ligne AB, l'on puisse apercevoir le jalon P par les pinnules de l'autre diamètre *cd*. Au point F, on placera un jalon, et entre les points P, F, on en placera encore plusieurs autres qui traceront la perpendiculaire PF: ce qui est évident.

Enfin, si l'on voulait mener par un point donné P une parallèle à la ligne AB (*Fig* 74), après avoir au moyen de l'équerre d'arpenteur, abaissé la perpendiculaire PF sur AB, on en éleverait, au point P sur PF, une seconde PR, et celle-ci serait la parallèle demandée; car les lignes AB et PR étant toutes deux perpendiculaires à PF, par construction, il en résulte qu'elles sont parallèles (154).

Remarque. Lorsqu'on observe un objet avec l'équerre d'arpenteur, il faut avoir soin d'approcher l'œil près de la fente de la pinnule par laquelle on regarde si le fil correspondant de la pinnule opposée couvre exactement cet objet.

Du Graphomètre.

135. Le *graphomètre* (*Fig* 75) est un demi-cercle de cuivre divisé en 180 degrés. Aux extrémités du diamètre fixe AB sont adaptées, d'une manière invariable, deux pinnules perpendiculaires au plan du demi-cercle, et sur son centre *c*, une règle mobile *dc*, nommée *alidade*, portant aussi des pinnules invariables à ses extrémités, est assujettie à tourner et à parcourir toutes les divisions du limbe. Le tout se meut sur un genou et peut se fixer dans tous les plans au moyen d'une vis de pression. Un pied à trois branches (*Fig.* 76) supporte l'instrument.

Sur le bord de l'alidade, et à partir du trait qui répond au rayon visuel de ses pinnules, on trace ordinairement un arc concentrique au demi-cercle, sur lequel on fait un nombre déterminé de divisions, qui, selon la manière dont elles correspondent à celles du limbe, servent à faire connaître les parties de degré de 5 en 5 minutes, ou de 4 en 4, etc.; c'est-à-dire que pour chacune des divisions de l'alidade, il faut compter 5 minutes, ou 4 minutes, en outre des degrés marqués sur l'instrument.

136. Or, voici comme se font ces divisions pour avoir les arcs de 5 en 5 minutes. On prend sur le limbe un arc de 11° que l'on porte sur le bord de l'alidade et que l'on divise en 12 parties égales, dont chacune ne vaut conséquemment plus que 55′; car 11° valant 660′, la 12.e partie en renferme précisément 55. Cet arc de 11° se nomme *vernier*.

Maintenant, supposons qu'après avoir fait tourner le diamètre mobile, le premier trait des divisions du vernier ne réponde pas exactement avec celui d'une des divisions du limbe, et que ce soit le 2.e trait du vernier qui y corresponde le plus sensiblement; alors, deux divisions, une du limbe et une du vernier, étant réunies par leurs extrémités inférieures, les deux extrémités supérieures seront écartées l'une de l'autre de 5 minutes (car, ces deux divisions ou arcs ont le même centre, et leur différence, suivant ce qui précède, est de 5′); le premier trait du vernier étant donc éloigné de celui de la division correspondante du limbe de 5′, il s'en suit que l'arc du limbe compris entre les deux diamètres est composé du nombre de degrés comptés jusqu'au premier trait du vernier augmenté de 5 minutes.

Si au lieu d'être le 2.e trait du vernier c'était le 3.e qui correspondît avec l'une des divisions du limbe, alors le premier trait du vernier serait écarté de l'extrémité de la division du limbe qui le précède immédiatement de 2 fois 5′, ou 10′, et il faudrait les ajouter au nombre de degrés marqués sur le demi-cercle pour avoir la grandeur entière de l'arc en question; si c'était le 4.e trait du vernier qui coïncidât, il faudrait en ajouter 3 fois 5, ou 15; et ainsi de suite.

137. Pour rendre encore plus sensible ce qui vient d'être dit, supposons que AB (*Fig.* 77) représente une partie du limbe d'un graphomètre et CD le vernier de son alidade, fixée dans une situation relative à une opération particulière: il s'agit de déterminer la valeur de l'arc compris entre son diamètre fixe et le premier trait du vernier.

Ce trait ne répondant pas exactement à une des divisions du limbe, on cherchera lequel du vernier remplit cette condition; or, on voit que c'est le 5.e qui y satisfait; par conséquent, comme il y a 4 divisions du vernier à partir de son premier trait jusqu'au 5.e, ce sera 4 fois 5′ ou 20′ qu'il faudra ajouter aux 76° marqués sur le limbe immédiatement avant ce 1.er trait, pour avoir la valeur totale de l'arc proposé : il sera donc de 76° 20′.

138. Si la division du vernier était faite pour trouver les arcs avec les minutes de 4 en 4, ou de 3 en 3, ou de 2 en 2, on se conduirait de la même manière, en observant seulement de compter 4′, ou 3′, ou 2′, au lieu de 5, pour chacune des

divisions du vernier, qui se trouveraient avant le trait qui correspond à une des divisions du limbe.

REMARQUE. Un graphomètre donne les minutes de 4 en 4, de 3 en 3, ou de 2 en 2, suivant que le vernier de son alidade est divisé en 15, en 20, ou en 30 parties égales.

139. Cet instrument est aussi garni d'une *boussole* ZRX (*Fig.* 75). L'aiguille aimantée, qui en fait la pièce principale, est soutenue par un pivot sur lequel elle a toute la mobilité possible. Comme sa proprieté est de rester constamment dans une même position, ou d'y revenir après en avoir été écartée (au moins dans un même lieu et pendant un assez long intervalle de temps), on l'emploie utilement sur le graphomètre pour déterminer la position des objets à l'égard des points cardinaux, ou à celui de la ligne *nord* et *sud*, avec laquelle elle fait toujours un angle constant dans le même lieu. Sur le bord de la cavité qui renferme l'aiguille se trouvent marqués les 360° de la circonférence. Quand on tourne l'instrument, l'aiguille, par la propriété qu'elle a de revenir dans la même situation, indique par la nouvelle division à laquelle elle répond, de combien de degrés il a tourné.

Usage du Graphomètre.

140. On emploie le graphomètre pour mesurer et former des angles sur le terrain.

141. Premièrement, lorsqu'on veut mesurer un angle C*n*D (*Fig.* 78) que forment deux lignes droites *n*C et *n*D, menées d'un point *n*, où l'on est, à deux objets C, D, on place le centre du graphomètre en *n*, et on le dispose de manière que, regardant à travers les pinnules du diamètre fixe AB, on aperçoive l'un C des deux objets, et qu'en même temps le plan du demi-cercle reste toujours dans une situation bien horizontale (*); alors, on fait mouvoir

(*) Pour disposer horizontalement un graphomètre, on se sert d'un *Niveau à bulle d'air*. C'est un petit tube de verre *ab* (*Fig.* 79), divisé

l'alidade *de* jusqu'à ce qu'on puisse voir l'autre objet D à travers ses pinnules, et l'arc B*e*. estimé en degrés et minutes comme on l'a expliqué ci-dessus (137-138), sera la mesure de l'angle C*n*D.

Remarque. La position horizontale est ordinairement celle qu'on donne au graphomètre dans toutes les opérations où il s'agit de *relever* les angles des objets placés sur la surface de la terre pour les disposer ensuite semblablement sur le papier, parce que tous les édifices y sont élevés perpendiculairement, de même que les plantes et les arbres qui y croissent. Mais, quand il est question de mesurer des angles formés par des rayons visuels menés d'un point de cette surface aux extrémités de deux objets de différentes hauteurs, tels que deux clochers, ou bien dirigés au sommet et au pied d'un même objet, par exemple, d'une montagne ou d'un arbre, comme cela arrive très-souvent, alors il est nécessaire de placer les deux extrémités qui doivent servir de points de mire dans le prolongement du plan du graphomètre; ce qui se fait en l'inclinant plus ou moins dans le premier cas, et en lui donnant, dans le dernier, une situation tout-à-fait verticale au moyen d'un fil-à-plomb.

Il est encore une circonstance où le plan du graphomètre

---

en deux parties égales par un trait *c*, fermé hermétiquement et rempli d'esprit de vin sur lequel surnage une bulle d'air *n*. On le pose sur le plan de l'instrument qu'on veut fixer dans une position horizontale, et on incline celui-ci jusqu'à ce que la bulle d'air s'arrête précisément sous le trait du tube.

A défaut de niveau à bulle d'air, on peut se servir d'un fil-à-plomb qu'on suspend à l'un des deux côtés *zn* ou *zm* d'une équerre *nzm* (*Fig.* 57), et s'il descend bien directement le long du côté à l'extrémité duquel il est attaché, l'autre étant appliqué sur le plan de l'instrument qu'il s'agit de placer horizontalement, c'est une preuve qu'il est parfaitement dans cette position. La figure 80 indique comme le fil-à-plomb et l'équerre doivent être situés sur la surface de l'instrument.

étant dans une situation verticale son diamètre fixe doit être placé horizontalement : c'est quand il faut mesurer ou former un des angles aigus d'un triangle rectangle dont le plan est perpendiculaire à l'horizon, ce qui se présente chaque fois qu'on veut déterminer la hauteur ou l'élévation d'un objet quelconque situé sur la surface terrestre, comme celle d'un arbre, d'une tour, et dont nous verrons des exemples dans la Longimétrie.

Pour donner cette position au graphomètre, on se sert d'une équerre et d'un fil-à-plomb attaché au sommet *z* de son angle droit ; puis, en appuyant un des côtés de cet angle sur l'épaisseur de la corde qui limite le cintre de l'instrument, on fait mouvoir celui-ci convenablement jusqu'à ce que le fil-à-plomb descende directement et s'applique bien le long de l'autre côté de l'équerre. Cette pratique est représentée par la figure 81.

142. En second lieu, qu'il s'agisse de faire sur le terrain un angle d'une grandeur déterminée.

Le centre du graphomètre étant placé directement au-dessus du point où cet angle doit avoir son sommet, on dirigera son diamètre fixe dans l'alignement qui doit servir de côté, en maintenant toujours l'instrument dans une position horizontale ; ensuite on fera tourner le diamètre mobile jusqu'à ce que le premier trait de son vernier marque sur le limbe le nombre de degrés donnés ; enfin on plantera des jalons dans la direction de chaque diamètre et un autre au point où était l'instrument, tous ensemble traceront sur le terrain l'angle demandé, puisqu'il est le même que celui formé par les deux diamètres.

Remarque. On peut faire aussi avec le graphomètre toutes les opérations qui s'exécutent au moyen de l'équerre d'arpenteur.

Vérifier un Graphomètre.

143. Pour connaître si un graphomètre est bien fait, on observe d'abord si les quatre fils des pinnules du diamètre

fixe et de l'alidade se confondent deux à deux, lorsque le zéro du vernier est sur le zéro du limbe, et encore quand il est sur la division 180°. Ensuite on vérifie l'exactitude des divisions du limbe, en plaçant le diamètre fixe dans la direction de deux objets opposés, choisis à volonté dans la campagne, et en prenant la mesure de tous les angles adjacens formés par des rayons visuels menés à divers autres objets situés çà et là, tous au-dessus ou au-dessous des deux premiers, on examine si leur somme donne 180 ou très-près de 180 degrés.

Remarque. On peut encore se convaincre de l'égalité de ces divisions, en mesurant les cordes de leurs arcs avec un compas à pointes très-fines.

CHAPITRE III.

Les propositions fondamentales.

144. Nous nous proposons d'exposer dans ce chapitre les questions sur lesquelles reposent toutes les opérations de la Géométrie pratique, afin de ne pas troubler l'enchaînement des propositions que nous avons à présenter dans les diverses parties qui composent cette Science à la fois si intéressante et si utile.

AXIOMES.

145. Deux quantités égales à une même troisième sont égales entre elles.

146. Le tout est plus grand que sa partie.

147. Le tout est égal à la somme des parties en lesquelles il a été divisé.

148. Si les diverses parties d'un tout sont respectivement égales à celles qui en composent un second, la somme des unes égalera la somme des autres, et les deux touts seront égaux.

149. Quand plusieurs quantités sont égales deux à deux, la somme des premières est encore égale à celle des dernières.

150. Deux figures quelconques, lignes, surfaces ou solides, sont égales, lorsqu'étant placées l'une sur l'autre, elles coïncident parfaitement dans toute leur étendue.

Tels sont, par exemple, deux triangles dont les trois sommets se confondent; deux cercles dont les rayons sont égaux, etc.

151. Lorsque deux quantités égales sont augmentées ou diminuées d'une même quantité, ou bien multipliées ou divisées par une même troisième, les résultats sont encore égaux entre eux.

PROPOSITION PREMIÈRE.

Théorème.

152. D'un point B donné sur une droite NC (*Fig.* 11), on ne peut élever qu'une seule perpendiculaire à cette droite.

DÉMONSTRATION.

Supposons qu'il soit possible d'en élever deux BA et BD, alors l'angle DBC serait droit ainsi que l'angle ABC (54), et la partie serait égale au tout; ce qui ne peut avoir lieu (146).

PROPOSITION II.

Théorème.

153. D'un point pris hors d'une droite, on ne peut abaisser qu'une perpendiculaire sur cette droite.

DÉMONSTRATION.

La perpendiculaire mesure la plus courte distance d'un point à une droite (33); or, comme il ne peut y avoir deux plus courts chemins d'un point à un autre (12), il est également impossible d'abaisser d'un même point deux perpendiculaires sur la même droite.

PROPOSITION III.

Théorème.

154. Deux lignes AB, CD, perpendiculaires à une troisième EF (*Fig.* 82), sont parallèles entre elles.

DÉMONSTRATION.

Si ces lignes se rencontraient en un point quelconque de leur prolongement, il s'ensuivrait que de ce point il y aurait deux perpendiculaires abaissées sur la droite EF, ce qui est impossible (153); donc puisque les lignes AB, CD, ne peuvent se rencontrer, elles sont parallèles.

PROPOSITION IV.

Théorème.

155. Si deux droites AB, CD (*Fig.* 82), sont parallèles, toute ligne EF menée perpendiculairement à l'une d'elles AB, sera en même temps perpendiculaire à l'autre CD.

DÉMONSTRATION.

Puisque la ligne AB ne fait pas d'angle avec CD (46), il est clair qu'en faisant mouvoir celle-ci parallèlement à elle-même vers E, elle se confondra avec AB quand elle aura parcouru tout l'intervalle qui l'en sépare : comme AB, la ligne CD fait donc avec EF un angle droit; par conséquent EF est aussi perpendiculaire sur CD.

REMARQUE. La perpendiculaire EF mesure la vraie distance qui sépare les deux parallèles AB et CD.

PROPOSITION V.

Théorème.

156. D'un point A donné hors d'une droite BC (*Fig.* 83), on ne peut mener qu'une parallèle à cette droite.

DÉMONSTRATION.

S'il était possible de mener deux parallèles Am et An, en abaissant du point A la perpendiculaire Ap sur BC, elle serait également perpendiculaire aux droites A*m*, A*n* ([illegible]), supposées parallèles à BC; par conséquent, on pourrait du même point A élever deux perpendiculaires à la droite [illegible], ce qui est absurde (172); il est donc aussi impossible de mener par un point donné deux parallèles à la même droite.

PROPOSITION VI.

Problème.

177. Décrire une circonférence sur le terrain.

SOLUTION.

Fixez l'extrémité *a* d'un cordeau *ab* (*Fig.* 84), qui représente la longueur du rayon de la circonférence qu'il s'agit de tracer, au point C qui doit servir de centre à cette circonférence, et, après avoir attaché l'autre extrémité *b* à un piquet, faites opérer au point *b*, en tendant toujours le cordeau, une révolution autour du centre C; la pointe du piquet décrira dans sa marche la circonférence demandée *bmonb*. En effet, chacun des points de cette courbe est évidemment éloigné du centre C de la même distance *ab*.

REMARQUE. S'il s'agissait de tracer un arc, on opérerait de même, mais en partant d'une de ses extrémités on s'arrêterait à l'autre. Il est entendu que le centre et le rayon de l'arc sont donnés; dans le cas contraire, il faudrait les chercher.

PROPOSITION VII.

Théorème.

178. Deux triangles sont égaux, lorsqu'ils ont un angle égal compris entre deux côtés égaux chacun à chacun.

DÉMONSTRATION.

Si l'angle A du triangle ABC est égal à l'angle A' du triangle A'B'C' (*Fig.* 85), et si en même temps les deux côtés AB, AC, qui comprennent le premier, sont égaux aux deux côtés A'B', A'C', qui forment le second, ces deux triangles seront égaux.

Car en appliquant le côté AB sur son égal A′B′, le point A en A′ et le point B en B′, ces deux côtés coïncideront exactement (12); mais, puisque l'angle A = A′, le côté AC prendra la direction de A′C′, et comme AC = A′C′, par hypothèse, le point C tombera en C′; par conséquent les trois sommets du triangle ABC se confondent avec ceux du triangle A′B′C′, de sorte que ces deux triangles sont parfaitement égaux.

Corollaire. De-là il suit évidemment que le troisième côté BC = B′C′, l'angle B = B′, et l'angle C = C′.

PROPOSITION VIII.

Théorème.

159. Deux triangles sont égaux, lorsqu'ils ont un côté égal adjacent à deux angles égaux chacun à chacun.

DÉMONSTRATION.

Que le côté BC = B′C′ (*Fig.* 85), l'angle B = B′, et l'angle C = C′; les triangles ABC et A′B′C′ seront égaux.

Pour opérer la superposition, soit placé le côté BC sur B′C′ de manière que les points B, C, tombent exactement sur B′, C′, alors le côté BA prendra la direction de B′A′, puisque l'angle B = B′, et pareillement le côté CA suivra celle de C′A′, puisque l'angle C = C′: le point A tombera donc à la fois sur B′A′ et sur C′A′, c'est-à-dire sur leur intersection A′, seul point commun à ces droites; par conséquent les triangles ABC et A′B′C′ coïncident parfaitement ensemble et sont égaux.

Corollaire. Ici les angles égaux sont encore ceux qui sont opposés aux côtés égaux.

PROPOSITION IX.

Théorème.

160. Deux triangles sont égaux, quand ils ont les trois côtés égaux chacun à chacun.

DÉMONSTRATION.

Soit le côté AB = A'B', BC = B'C', CA = C'A' (*Fig.* 86), le triangle ABC sera égal à A'B'C'.

En effet, le triangle ABC étant posé sur le triangle A'B'C' de manière que le côté BC couvre exactement B'C', il est évident que l'extrémité A du côté BA tombera sur un des points de l'arc $nA'p$, que l'on suppose décrit du sommet B' comme centre avec un rayon B'A' = BA, en même tems que l'extrémité A du côté CA tombera sur un point de l'arc $mA'r$, décrit du centre C' avec un rayon C'A' = CA. Or, les deux côtés BA et CA doivent se réunir, ce qui ne peut avoir lieu qu'au sommet A', seul point commun aux deux arcs np, mr; le point A tombera donc sur A', et les trois sommets du triangle ABC couvriront ceux de A'B'C'; ainsi, ces deux triangles sont parfaitement égaux.

COROLLAIRE. Dans le cas actuel, comme dans les deux précédens, les angles égaux sont ceux qui se trouvent opposés aux côtés égaux.

PROPOSITION X.

Problème.

161. Faire au point A de la ligne AC (*Fig.* 87), un angle égal à l'angle donné DEF.

SOLUTION.

Du sommet E, comme centre, et d'un rayon EF pris à volonté, décrivez l'arc FD; ensuite du point A, aussi comme centre, et du même rayon, tracez l'arc indéfini nz; prenez sur nz une partie nr = FD, et menez la droite Ar qui formera avec AC l'angle rAn = DEF, puisqu'ils ont chacun même mesure d'après la construction.

PROPOSITION XI.

Problème.

162. Les trois côtés a, b, c, d'un triangle étant donnés (*Fig.* 88), construire le triangle.

SOLUTION.

Soit pris *pm* égal au côté *a*; du point *m*, comme centre, et d'un rayon = *b*, décrivez l'arc *ns*, puis du point *p*, avec un rayon = *c*, tracez le second arc *rx* qui coupera le premier en *o*; menez les droites *po*, *mo*, et la figure *opm* sera le triangle demandé. Ce qui est évidemment vrai d'après la construction.

PROPOSITION XII.

Problème.

163. L'angle A d'un triangle (*Fig.* 89) et les deux côtés *b*, *c*, qui le comprennent étant donnés, décrire le triangle.

SOLUTION.

Menez une ligne DF = *c*; au point D faites l'angle FDE = A, prenez DE = *b* et tirez EF, la figure EDF sera le triangle en question.

PROPOSITION XIII.

Problème.

164. Un côté et les deux angles adjacens (*) d'un triangle étant donnés, former le triangle.

SOLUTION.

Que *c* soit le côté donné, A et B étant les deux angles adjacens (*Fig.* 90).

Sur une ligne DE = *c*, faites à l'extrémité D l'angle EDF = A, et à l'extrémité E l'angle DEF = B; les deux droites DF et EF se rencontreront au point F, de manière que DEF sera le triangle requis.

REMARQUE. Ces deux derniers moyens de construire un triangle sont ceux qui se pratiquent ordinairement sur le

---

(*) Dans un polygone quelconque, on nomme *adjacens* deux angles dont les sommets sont aux extrémités du même côté et qui ont leurs ouvertures tournées vis-à-vis l'une de l'autre. Tels sont les angles ABC et ACB (*Fig.* 85), puis encore CBA et BCD (*Fig.* 27).

terrain; on ne se sert du premier que dans le cas où les côtés du triangle ne sont pas très-grands, à cause de l'embarras de l'extrême longueur des cordeaux qu'il faudrait alors employer pour décrire les arcs.

PROPOSITION XIV.

Théorème.

165. Lorsque deux lignes parallèles AB et CD (*Fig.* 91) sont coupées par une troisième EF,

1.° Les angles AGM, GMD, nommés *alternes-internes*, sont égaux;

2.° Les angles GMD, EGB, appelés *internes-externes* ou *correspondans*, sont égaux;

3.° Les angles EGB, CMF, dits *alternes-externes* sont égaux.

DÉMONSTRATION.

D'abord, des points G et M soient menées les droites Gp, Mn, perpendiculaires l'une à CD, l'autre à AB, chacune sera perpendiculaire aux deux parallèles, suivant la Proposition IV, et elles seront parallèles en vertu de la Proposition III: par conséquent, on a $nG = Mp$, $Gp = nM$ (45 - 155), et comme GM est un côté commun aux deux triangles MnG, GMp, on en conclut qu'ils sont égaux dans toutes leurs parties, comme ayant les trois côtés égaux chacun à chacun (160), et par suite que l'angle nGM = GMp, ou AGM = GMD; donc

1.° *Les angles* alternes-internes *sont égaux.*

En second lieu, puisque l'angle GMD = MGA, et que MGA = EGB, comme opposés au sommet, on a aussi GMD = EGB; donc

2.° *Les angles* internes-externes *ou* correspondans *sont égaux.*

Enfin, de ce que EGB = GMD, et GMD = CMF (41), il s'ensuit que EGB = CMF; donc

3.° *Les angles* alternes-externes *sont égaux.*

REMARQUE. On a également GMC = MGB, EGA = GMC, EGA = DMF, CMF = AGM, FMD = MGB.

COROLLAIRE I. Toutes les fois que l'une de ces trois circonstances a lieu, on peut en conclure réciproquement que les lignes AB et CD sont parallèles.

COROLLAIRE II. Donc pour mener une parallèle à une droite donnée AB par un point M, on conduira MG arbitrairement, puis au point M on fera l'angle GMD = MGA, et la ligne MD sera la parallèle demandée.

PROPOSITION XV.

Théorème.

166. Dans tout triangle ABC (*Fig.* 92), l'angle extérieur BCD, formé par un côté et le prolongement de l'un des deux autres, est toujours égal à la somme des angles intérieurs opposés BAC et CBA.

DÉMONSTRATION.

Soit menée CF parallèle à BA, on aura, selon le théorème précédent, FCD = BAC et FCB = CBA; par conséquent (149),

FCD + FCB ou BCD = BAC + CBA. Ce qui prouve la proposition avancée.

PROPOSITION XVI.

Théorème.

167. Les trois angles d'un triangle quelconque ABC (*Fig* 92) valent ensemble deux angles droits.

DÉMONSTRATION.

Prolongez un des côtés AC vers D, on aura (35)

$$BCA + BCD = 2^d;$$

et comme (166)

$$BCD = BAC + CBA,$$

en substituant pour BCD cette valeur, on aura encore

$$BCA + BAC + CBA = 2^d.$$

Donc les trois angles d'un triangle, pris ensemble, valent 2 droits.

C.

Corollaire I. Connaissant deux des angles d'un triangle, on déterminera le troisième, en retranchant leur somme de deux angles droits.

Corollaire II. Si le triangle est isocèle, il suffira de connaître l'un des angles égaux pour trouver les deux autres angles du triangle.

Corollaire III. S'il est équilatéral, chacun de ses angles vaudra un tiers de 2^d, ou 60°.

Corollaire IV. S'il est rectangle, la somme des deux angles aigus vaudra un droit, ou 90°; et s'il est en même tems isocèle, chaque angle aigu vaudra la moitié de 1^d, ou 45°.

PROPOSITION XVII.

Théorème.

168. La somme de tous les angles intérieurs d'un polygone convexe (*) est égal à 2^d, répétés autant de fois qu'il a de côtés moins deux.

DÉMONSTRATION.

Soit le pentagone ABCDE (*Fig* 93) : si du même point A, on mène aux sommets des angles opposés les diagonales AD, AC, elles diviseront évidemment le polygone en autant de triangles qu'il a de côtés moins deux, c'est-à-dire, en 5 – 2 ou 3 triangles, dans le cas actuel où il s'agit d'un polygone de cinq côtés. Or, la somme des angles de tous ces triangles forme précisément celle des angles intérieurs du polygone ; donc cette dernière somme équivaut à autant de fois deux angles droits qu'il y a de côtés moins 2 dans le polygone proposé.

Corollaire I. Dans le pentagone ABCDE, la somme des angles intérieurs est donc égale à $2^d \times (5 - 2) = 2^d \times 3$, ou à 6 angles droits.

(*) On nomme *polygone convexe*, celui qui n'a pas d'angle rentrant.

Pour le quadrilatère, on a $2^d \times (4-2) = 2^d \times 2 = 4^d$; pour l'hexagone, $2^d \times (6-2) = 2^d \times 4 = 8^d$; ainsi de suite.

Corollaire II. Si le polygone était régulier, tous les angles étant égaux (65), on trouverait la grandeur de chacun en divisant la somme de tous ses angles intérieurs par leur nombre.

Par exemple, dans le cas du pentagone, on diviserait 6^d par 5, nombre de ses angles, et on aurait $\frac{6^d}{5}$, ou $\frac{6}{5}$ de 1^d, ou enfin $\frac{6}{5}$ de $90^\circ = \frac{90^\circ \times 6}{5} = 18^\circ \times 6 = 108^\circ$, pour la valeur de chacun de ses angles intérieurs.

On trouverait de même que l'angle d'un hexagone régulier vaut $\frac{8 \text{ fois } 90^\circ}{6} = \frac{720^\circ}{6} = 120^\circ$.

PROPOSITION XVIII.

Théorème.

169. Toute ligne oC (*Fig.* 29), menée du centre o à l'un quelconque C des angles d'un polygone régulier ABCDEF, divise cet angle en deux parties égales, de manière qu'on a $oCB = oCD$.

DÉMONSTRATION.

En effet, puisque $BC = CD$ (65), et que $Bo = oC = oD$ (66), les deux triangles BoC et CoD sont égaux, comme ayant les trois côtés égaux chacun à chacun; donc l'angle $oCB = oCD$, et la droite oC divise également en deux parties l'angle C.

Corollaire I. Donc la ligne qui divise en deux parties égales l'angle d'un polygone régulier, passe par le centre de ce polygone.

Corollaire II. De-là il suit, que pour trouver le centre d'un polygone régulier, il suffit de diviser en deux également les angles adjacens d'un côté quelconque, le point de rencontre des deux droites sera le centre cherché.

On pourrait encore le déterminer en menant une de ces droites, Bo par exemple, et élevant sur le milieu du côté BC ou BA la perpendiculaire *mo* qui couperait Bo en *o*, centre du polygone.

PROPOSITION XIX.

Théorème.

170. Les parties de deux parallèles AB, CD (*Fig.* 94), comprises entre deux autres parallèles AC, BD, sont égales.

DÉMONSTRATION.

Tirez BC, les triangles BAC et BDC seront égaux, puisqu'ils ont le côté BC commun, l'angle CBA = BCD et ACB = CBD, comme alternes-internes ; donc AC = BD et AB = CD.

PROPOSITION XX.

Théorème.

171. Deux angles ABC et DEF (*Fig.* 95), qui ont les côtés parallèles et dirigés dans le même sens, sont égaux.

DÉMONSTRATION.

Prolongez le côté AB jusqu'à la rencontre de EF en *n*, on aura l'angle ABC = B*n*F, comme correspondans (165) ; mais B*n*F = DEF, par la même raison ; donc ABC = DEF.

PROPOSITION XXI.

Théorème.

172. Deux lignes AB, CD, parallèles à une même troisième *mn* (*Fig.* 96), sont parallèles entre elles.

DÉMONSTRATION.

Menez la sécante *prs* perpendiculaire à *mn*, elle le sera aussi à chacune des lignes AB, CD, parallèles à *mn* (155) ; donc puisque AB et CD sont à la fois perpendiculaires à la droite *prs*, elles sont parallèles (154).

COROLLAIRE. Il résulte évidemment de cette proposition que si plusieurs lignes sont parallèles à une même droite ; elles seront toutes parallèles entre elles.

PROPOSITION XXII.

Problème.

173. Diviser une ligne donnée en autant de parties égales qu'on voudra.

SOLUTION.

Soit à diviser la droite AB (*Fig.* 97) en quatre parties égales.

Par une de ses extrémités A, menez une droite indéfinie Az, qui fasse avec AB un angle arbitraire; sur cette ligne prenez quatre parties Ai, ik, kl, lm, toutes égales entre elles; joignez mB, et par les points l, k, i, menez des parallèles à mB, elles partageront AB, aux points e, d, c, de la manière demandée.

En effet, conduisez parallèlement à Az les lignes cf, dg, eh, elles seront égales entre elles et à Ai, puisque (170) les parallèles comprises entre parallèles sont égales, et que, par construction, $Ai = ik = kl = lm$; d'ailleurs les angles Aic, cfd, dge, ehB, sont égaux, en suite de la Prop. XX, et les angles iAc, fcd, gde, heb, le sont aussi comme correspondans (165); par conséquent tous les triangles Aic, cfd, dge, ehB, sont égaux ayant chacun un côté égal adjacent à deux angles égaux. Ainsi

$$Ac = cd = de = eB,$$

et la droite AB se trouve divisée aux points c, d, e, en quatre parties égales.

Corollaire I. De ce que

$$Ai = ik = kl = lm, \text{ et } Ac = cd = de = eB$$

il en résulte évidemment cette suite de rapports égaux

$$\frac{Ai}{Ac} = \frac{ik}{cd} = \frac{kl}{de} = \frac{lm}{eB},$$

ou

$$Ai : Ac :: ik : cd :: kl : de :: lm : eB,$$

de laquelle on tire (*Arith. N.*° 268)

$$Ai + ik + kl : Ac + cd + de :: lm : eB,$$

ou en réduisant

$$Al : Ae :: lm : eB,$$

et, en changeant les moyens de place,

$$Al : lm :: Ae : eB;$$

ce qui signifie que les parties Al et lm sont proportionnelles aux parties Ae et eB, déterminées par la ligne le menée parallèlement à celle qui joint les extrémités des droites Am et AB.

Corollaire II. De-là on peut conclure que si plusieurs points i, k, l, divisent une ligne Am en parties qui aient entre elles des rapports exprimés par des nombres entiers, les droites ic, kd, le, parallèles à mB, partageront semblablement AB, aux points c, d, e, c'est-à dire qu'on aura encore

$$Ai : ik : kl : lm :: Ac : cd : de : eB.$$

Corollaire III. Le problème que l'on vient de résoudre donne encore le moyen de construire les *échelles* qu'on emploie pour rapporter sur le papier les distances mesurées sur le terrain, et qui ne sont autre chose que des lignes droites divisées en parties égales ayant chacune un rapport quelconque avec l'unité de longueur en usage dans le pays.

Dans les opérations ordinaires, on se sert des échelles construites ainsi que l'indique la figure 98.e ; mais chaque fois qu'il s'agit de représenter des détails minutieux, ou beaucoup de petites lignes, on emploie plus commodément les échelles de *dixmes* tout-à-fait conformes aux nouvelles mesures, et dont voici la construction.

Supposons qu'après avoir divisé la droite AB (*Fig.* 99) en un certain nombre de parties égales, telles que AC, on veuille encore diviser l'une d'elles ou AC, qui peut représenter un décamètre par exemple, en dix autres parties.

Comme par la division ordinaire, ces dernières parties ne seraient pas bien distinctes dans un si petit espace, par les points A, C, B, on élevera sur CAB les perpendiculaires

Aa, Cc, Bb; on prendra sur Cc une partie arbitraire C1 que l'on portera dix fois à la suite d'elle-même, parce qu'on veut faire dix espaces égaux dans AC, et par tous les points de division 1, 2, 3, 4 .... 10, on mènera des parallèles à AB (120); enfin, on joindra les points A et *c* par la ligne *transversale* A*c*. De cette manière la partie *zx*, de la première parallèle, interceptée dans le triangle A*ac*, sera le *dixième* de AC, ou un mètre, puisque AC en vaut 10; la partie *vy*, de la deuxième parallèle, interceptée dans le même triangle, en sera les 2 *dixièmes* ou 2 mètres; et ainsi de suite.

En effet, les triangles A*xz* et A*ca*, ayant leurs angles respectivement égaux, à cause de *xz* parallèle à *ca*, sont semblables (*) et leurs côtés donnent la proposition

$$zx : ac :: Az : Aa;$$

(*) On dit que deux triangles ou deux polygones quelconques sont *semblables*, lorsqu'ils ont les angles égaux chacun à chacun, et que leurs *côtés homologues*, c'est-à-dire, ceux qui ont la même position dans les deux figures, sont proportionnels.

Dans les triangles, ces deux conditions existant toujours ensemble, il suffit d'être convaincu de l'une pour conclure l'existence de l'autre, et par suite leur similitude. Par conséquent, si deux triangles sont *équiangles*, ou s'ils ont tous leurs angles respectivement égaux, on peut affirmer qu'ils ont leurs *côtés homologues proportionnels*, et réciproquement on peut dire qu'ils sont *équiangles* si leurs côtés sont *proportionnels*.

Il n'en est pas ainsi dans les figures de plus de trois côtés, parce que sans changer les angles on peut faire varier à volonté la grandeur de leurs côtés, ce qui détruit leur proportionnalité; et que réciproquement, il est possible de diminuer ou d'augmenter les angles sans changer les côtés. En effet, menant *cd* parallèle à *mn*, les angles du quadrilatère *abcd* (*Fig.* 100) restent évidemment égaux à ceux du quadrilatère *abnm*, mais les côtés *ad*, *bc*, deviennent plus petits que *am*, *bn*. En second lieu, rapprochant *bn* de *ba*, et lui faisant prendre la situation *br*, le point *m* sera transporté en *o*, et la figure *abro* aura encore ses quatre côtés égaux à ceux de *abnm*, mais ses angles seront les uns plus grands,

mais on a par construction

$$Az : Aa :: 1 : 10;$$

donc aussi
$$zx : ac :: 1 : 10,$$

et de-là
$$zx = \frac{ac}{10} = 1 \text{ mètre},$$

puisque ac = AC = 1 décamètre ou 10 mètres.

Pareillement, les triangles Ayv et Aca donnent

$$vy : ac :: Av : Aa \text{ ou } :: 2 : 10;$$

donc
$$vy = \frac{2\,ac}{10} = \frac{20^m}{10} = 2^m.$$

On prouverait de même que $ts = 3^m$, $ro = 4^m$, $pn = 5^m$, etc.

Actuellement, si l'on veut une longueur de 15 décamètres 7 dixièmes, ou de 157 mètres, par exemple, ou placera l'une des pointes d'un compas sur l'intersection de la 15.e perpendiculaire et de la 7.e parallèle, puis on écartera ses branches jusqu'à ce que l'autre pointe tombe exactement sur le point e, l'ouverture qui en résultera comprendra la quantité de mètres demandés. Car la première partie de cette parallèle comprise jusqu'au point n vaut 15 divisions de l'échelle, ou 15 décamètres, ou 150^m, et la seconde $ne = 7^m$; ensemble, elles valent donc $150^m + 7^m$ ou 157 mètres.

Remarque. Au moyen de ces échelles, on peut facilement représenter sur le papier un triangle et par suite un polygone quelconque dont on a mesuré sur le terrain les parties nécessaires à sa construction. Le problème suivant suffira pour montrer comment il faut se conduire dans cette opération.

---

les autres plus petits que leurs correspondans; ils auront donc varié sans que la grandeur des côtés soit altérée.

Donc dans les polygones de plus de trois côtés, on ne peut conclure de l'égalité des angles, la proportionnalité des côtés, ni réciproquement de la proportionnalité des côtés, l'égalité des angles.

PROPOSITION XXIII.

Problème.

174. Représenter sur le papier une figure rectiligne quelconque qui se trouve tracée sur le terrain.

SOLUTION.

Cette question se réduit à diviser la figure proposée en triangles et à les construire ensuite sur le papier, en observant de les disposer entre eux exactement comme ils le sont sur le terrain.

Prenons pour exemple le polygone ABCDE (*Fig.* 93).

Après l'avoir divisé en triangles par les diagonales AD, AC, on mesurera les différens côtés BC, BA, AC, AD, CD, AE, ED, que je suppose respectivement de 15, 20, 30, 35, 12, 18 et 16 mètres; on prendra ensuite, sur la feuille de papier où l'on veut former la figure, une base *bc* égale à autant de parties de l'échelle AB (*Fig.* 98) que le côté correspondant BC contient de mètres, c'est-à-dire 15 parties dans le cas actuel; puis des points *b* et *c*, comme centres, et avec des ouvertures de compas respectivement égales à 20 et 30 divisions de l'échelle, on décrira deux petits arcs qui se couperont en *a*, de manière qu'en tirant *ba* et *ca*, le triangle *abc* sera semblable au triangle ABC, car les côtés du premier sont par construction dans le même rapport que ceux de celui-ci. Décrivant pareillement des points *a* et *c*, et avec des ouvertures de compas respectivement de 35 et 12 parties de l'échelle, deux arcs qui se couperont en *d*, et joignant *dc*, *da*, on formera encore le triangle *acd*, semblable à celui du terrain désigné par ACD. Enfin, on construira de même le 3.e triangle *ade*, et il est clair qu'après cette dernière opération, le polygone *abcde*, dessiné sur le papier, sera semblable à celui dont on a mesuré les côtés sur le terrain, puisque tous les triangles qui composent l'un étant semblables à ceux de l'autre, la réunion des premiers doit nécessairement donner un tout semblable à celui qui résulte de l'assemblage des seconds.

REMARQUE. Si ayant construit sur le papier *mn* (*Fig.* 101) un triangle *abc* dont on n'a mesuré sur le terrain que le côté *ab* et les angles adjacens *a*, *b*, ou un angle *b* et les deux côtés *ba*, *bc*, qui le comprennent, c'est-à-dire les parties qui correspondent à celles-ci, on avait besoin de connaître la grandeur numérique de chacun des deux autres côtés *ac*, *bc*, ou celle du troisième *ac*, alors on porterait sur l'échelle deux ouvertures de compas égales à *bc* et *ac*, ou une égale à *ca*, et les nombres de divisions qu'elles comprendraient exprimeraient évidemment les longueurs respectives de ces lignes. Ainsi, dans le premier cas, où *ab* représente 20 divisions de l'échelle (le côté correspondant de cette figure sur le terrain, ou AB, étant supposé de 20 mètres), on trouve que *ac* en renferme 16 et que *bc* en contient 21; ce qui signifie que dans la campagne leurs côtés homologues AC et BC valent respectivement 16^{m} et 21 mètres.

Nous ferons souvent usage de cette remarque.

PROPOSITION XXIV.

Problème.

175. Diviser une droite en plusieurs parties proportionnelles à des nombres donnés.

SOLUTION.

Qu'on veuille diviser AB (*Fig.* 102) en trois parties proportionnelles aux nombres 3, 4 et 5. On mènera à volonté la droite indéfinie A*n*; sur cette ligne on prendra, de A en *c*, trois parties égales à une petite ligne *z* (*), quatre de *c* en *d*, et cinq de *d* en F; on joindra FB, puis

(*) On peut donner à la ligne *z*, qui représente l'unité de mesure, une longueur quelconque, et dans le calcul elle vaut toujours 1.

par les points d et c on mènera dm, co, parallèles à FB; les points o et m diviseront la droite AB de la manière demandée.

Car, par le Corollaire II de la Proposition XXII, on a

$$Ao : om : mB :: Ac : cd : dF;$$

et comme par construction

$$Ac = 3z,\ cd = 4z,\ dF = 5z,$$

ou simplement

$$Ac = 3,\ cd = 4,\ dF = 5,$$

puisque $z = 1$, il s'ensuit conséquemment que

$$Ao : om : mB :: 3 : 4 : 5.$$

Ce qui remplit les conditions du problême.

PROPOSITION XXV.

Problême.

176. Un point A étant donné sur la droite BC (*Fig.* 103), élever une perpendiculaire à cette ligne.

SOLUTION.

Prenez deux points B et C à égale distance de A, puis de ces points, comme centres, et avec un rayon Bn plus grand que BA, décrivez deux petits arcs qui se couperont en n; menez nA, elle sera la perpendiculaire demandée; car, conformément au N.° 33, cette ligne a deux points n et A également distans des extrémités B et C.

PROPOSITION XXVI.

Problême.

177. Abaisser une perpendiculaire sur AB (*Fig.* 104), d'un point C pris hors de cette ligne.

SOLUTION.

Du point C, comme centre, et d'un rayon suffisamment grand, décrivez deux arcs qui coupent la ligne donnée en A et B; marquez ensuite un autre point n à égale distance des points A et B; enfin tirez Cnp qui sera perpendiculaire sur AB, puisque, par construction, elle a deux points C et n également éloignés des extrémités de cette ligne.

Remarque I. Il est clair, quand on fait cette opération sur le terrain, qu'on peut prendre le point n au-dessus de C, ou au-dessous de AB, selon que les circonstances locales le permettent.

Remarque II. Ces moyens de mener une perpendiculaire à une droite donnée, doivent être employés préférablement à ceux du N.° 121, chaque fois que l'ont veut opérer avec une scrupuleuse exactitude.

PROPOSITION XXVII.

Problème.

178. Dans la campagne, élever une perpendiculaire sur un alignement à un point où l'on ne peut établir ni l'équerre d'arpenteur, ni le graphomètre.

SOLUTION.

Soit un mur AB (*Fig.* 105), au-dessus duquel il s'agisse d'élever une perpendiculaire au point C.

Ayant pris arbitrairement sur AB un point n, choisissez-en un autre d également distant de C et de n; plantez un jalon en d, et prolongez nd d'une quantité $d\text{F} = dn$; mettez encore un jalon en F, et tracez FC qui sera la perpendiculaire demandée.

En effet, puisque $d\text{F} = dn = d\text{C}$, les triangles F$d$C et C$dn$ sont isocèles; par conséquent, suivant la remarque I du N.° 57, les angles opposés aux côtés égaux sont égaux, de sorte qu'on a

$$d\text{C}n = dn\text{C}, \qquad d\text{CF} = \text{F},$$

et par suite (149)

$$d\text{C}n + d\text{CF} = dn\text{C} + \text{F}, \text{ ou } \text{FC}n = dn\text{C} + \text{F}.$$

Ajoutant de part et d'autre le même angle FCn (151), il vient alors

$$2\text{FC}n = \text{FC}n + dn\text{C} + \text{F};$$

mais (Proposition XVI),

$$\text{FC}n + dn\text{C} + \text{F} = 2d;$$

donc aussi

$$2FCn = 2d,$$

et $$FCn = 1d.$$

D'où l'on conclut que la ligne FC est perpendiculaire sur CB ou AB.

Remarque. On peut encore résoudre ce problème par un moyen très-simple, fondé sur cette belle propriété du triangle rectangle; que *le quarré fait sur l'hypothénuse est égal à la somme des quarrés construits sur les côtés de l'angle droit*. Le voici :

Prenez un cordeau de 12 mètres de longueur, que vous diviserez en trois parties respectivement de 3, 5 et 4 mètres; attachez ses deux extrémités à un piquet fixé au point C (*Fig.* 105), et après avoir pris $Cn = 3^m$, plantez en n un autre piquet, derrière lequel vous passerez le cordeau; tendez-le ensuite au moyen d'un troisième piquet s que vous arrêterez lorsqu'il sera distant de 4^m du point C; enfin plantez des jalons dans la direction Cs, et leur alignement sera perpendiculaire sur AB.

Car, puisque le quarré de 5^m, qui représente le côté ns, ou 25, est égal à la somme des quarrés des nombres 3 et 4, qui expriment la grandeur de chacun des autres côtés Cn et Cs, ou $25 = 9 + 16$, le triangle nCs est rectangle en C; conséquemment Cs est perpendiculaire à AB.

PROPOSITION XXVIII.

Problème.

179. Connaissant deux côtés d'un triangle rectangle, trouver le troisième.

SOLUTIONS.

1.° Si le côté cherché est l'hypothénuse, on l'obtiendra en extrayant la racine quarrée de la somme des deux côtés donnés.

2.° Si c'est un côté de l'angle droit, on l'aura en prenant la racine quarrée de l'excès du quarré de l'hypothénuse sur celui de l'autre côté connu.

APPLICATIONS.

1.° Supposons que AB $= 3^m$ et BC $= 4^m$ (*Fig.* 19), on trouvera

$$AC = \sqrt{\overline{AB}^2 + \overline{BC}^2} = \sqrt{3^2 + 4^2} = \sqrt{9 + 16} = \sqrt{25} = 5^m$$

2.° Que AC $= 5^m$, AB $= 3^m$, alors

$$BC = \sqrt{\overline{AC}^2 - \overline{AB}^2} = \sqrt{5^2 - 3^2} = \sqrt{25 - 9} = \sqrt{16} = 4^m.$$

On obtiendrait de même le côté AB, si c'était BC qui fût donné.

PROPOSITION XXIX.

Problème.

180. Trouver le centre d'un cercle ou d'un arc donné.

SOLUTION.

Prenez à volonté sur la circonférence ou sur l'arc trois points *a*, *b*, *c*, (*Fig.* 106); menez les lignes *ab*, *bc*, et sur le milieu de chacune élevez les perpendiculaires *de*, *ng*, elles se rencontreront au point *o* qui sera le centre cherché.

Remarque. S'il s'agissait de faire passer une circonférence par trois points donnés non en ligne droite, on chercherait d'abord son centre, puis il serait facile de la décrire (157).

PROPOSITION XXX.

Problème.

181. Mener une tangente à un arc donné AB (*Fig.* 107).

SOLUTION.

Cherchez le centre *c* de l'arc AB, menez le rayon *c*A, et à l'extrémité A élevez la perpendiculaire A*m* qui, suivant la définition du N.° 22, sera la tangente demandée.

PROPOSITION XXXI.

Problème.

182. Le diamètre d'un cercle étant donné, trouver la circonférence.

SOLUTION.

Représentons par D le diamètre donné; puisque la circonférence d'un cercle qui a l'unité, ou 1, pour diamètre est exprimée par le nombre décimal 3.1416 et que les circonférences sont dans le même rapport que leurs diamètres, il s'ensuit qu'on peut établir cette proportion

Diamèt. 1 : *diamèt.* D :: *circonfér.* 3,1416 : *circ.* D,

de laquelle il résulte évidemment

Circonfér. D = D × 3.1416;

c'est-à-dire, qu'il suffit de multiplier le diamètre connu par le nombre 3,1416 pour avoir la circonférence cherchée.

Par exemple, si D = 50^{m}, on aura 50^{m} × 3, 1416 ou 157,^{m}08 pour la circonférence du même cercle.

Remarque. Réciproquement, lorsque la circonférence d'un cercle est représentée par l'unité, son diamètre se trouve exprimé par la fraction 0,3187.

PROPOSITION XXXII.

Problème.

183. La circonférence d'un cercle étant donnée, trouver son diamètre.

SOLUTION.

En désignant par C la circonférence donnée et par D le diamètre cherché, selon la proposition précédente, on aura la proportion

circ. 1 : *circ.* C :: *diam.* 0,3183 : *diam.* D,

d'où l'on tire

diam. D = C × 0.3183;

ce qui signifie que pour déterminer le diamètre D, il faut multiplier la circonférence donnée par la fraction 0,3183.

Ainsi, voulant savoir quelle est la longueur du diamètre d'un cercle qui a 30^{m} de circonférence, on multiplie 30^{m} par 0,3183 et on obtient 9,^{m}549 ou 9,^{m}55$^{c.m}$.

PROPOSITION XXXIII.

Problème.

184. Décrire une ellipse sur le terrain.

SOLUTION.

Fixez aux foyers F et F' (*Fig.* 7) les extrémités d'un cordeau dont la longueur soit égale au grand axe AB de l'ellipse qu'on veut tracer; tendez ce cordeau par le moyen d'un piquet *m*, puis faites glisser le piquet sur le cordeau, de manière que celui-ci reste toujours tendu, la courbe sera décrite quand il aura fait ainsi une révolution toute entière.

PROPOSITION XXXIV.

Problème.

185. Déterminer l'apothême d'un polygone régulier (*Fig.* 108) tracé sur le terrain.

SOLUTIONS.

1.° Si l'on peut parcourir l'intérieur du polygone, cherchez son centre *o*, par l'un des moyens du Corollaire II de la Proposition XVIII, puis abaissez de ce point *o*, la perpendiculaire *op* sur l'un des côtés, elle sera l'apothême en question (66).

2.° S'il est impossible de pénétrer dans le polygone, alors au milieu *p* de l'un de ses côtés on élevera la perpendiculaire indéfinie *pn*, et à l'une des extrémités *b* on fera l'angle *pbo'* égal à la moitié de l'angle intérieur du polygone, dont on connaît toujours la valeur par le Corollaire II de la Proposition XVII, le côté *bo'* rencontrera la perpendiculaire *pn* en un point *o'*, tellement que *po'* sera égale à l'apothême demandée.

En effet, les deux triangles *o'pb* et *opb* sont égaux par construction, puisqu'ils ont un côté commun *pb* adjacent à deux angles égaux chacun à chacun, savoir, $o'pb = opb$, comme droits, et $o'bp = obp$, étant chacun la moitié de l'angle *abc* (169); donc $o'p = op$.

Remarque I. Au lieu de construire le triangle *o'pb* sur le côté même du polygone, on pourrait également le former sur une autre base $PB = pb = \frac{1}{2}ab$, prise dans une place quelconque, et la construction donnerait encore $PO' = po$.

Remarque II. Ce procédé peut s'employer dans tous les cas; mais si le polygone proposé avait un nombre de côtés pairs, comme celui de la figure 29, alors le moyen suivant serait plus simple.

Prolongez deux côtés du polygone diamétralement opposés BC et FE, mesurez la distance qui les sépare, par la perpendiculaire nn' abaissée de l'un des prolongemens sur l'autre, et prenez la moitié de cette distance qui sera la longueur de l'apothême cherchée ; car, dans le rectangle $mm'n'n$, on a $nn' = mm'$; donc $\frac{1}{2}nn' = \frac{1}{2}mm'$ ou $\frac{1}{2}nn' = om$.

PROPOSITION XXXV.

Problème.

186. Construire un polygone qui soit égal au polygone donné ABCDE (*Fig*. 109).

SOLUTION.

Menez les diagonales AC, AD; ensuite sur une base bc = BC, faites, par l'un des moyens exposés dans les N.os 162, 163 et 164, le triangle bca égal au triangle BCA; formez de même sur ac un second triangle acd = ACD, et sur ad encore un troisième triangle ade = ADE; il est évident que le polygone $abcde$, qui résulte de la réunion des triangles bca. acd et ade, sera égal au polygone proposé, car en les appliquant l'un sur l'autre, ils coïncideront parfaitement.

PROPOSITION XXXVI.

Problème.

187. Déterminer la hauteur d'une pyramide quelconque SABCD (*Fig*. 110.)

SOLUTION.

Prolongez le plan de la base et par le sommet S menez la ligne Sm parallèle à ce plan; la longueur de la perpendiculaire mp, abaissée d'un point m de la droite Sm sur le plan prolongé, donnera la hauteur demandée.

REMARQUE. Si la pyramide était inclinée, comme le représente mABCD, on voit qu'il suffirait d'abaisser la perpendiculaire de son sommet m sur le prolongement de sa base.

PROPOSITION XXXVII.

Problème.

188. Trouver l'apothème d'un polyèdre régulier.

SOLUTIONS.

1.° Dans le cas du Tétraèdre, prenez le quart de la hauteur de ce solide, mesurée comme précédemment, il exprimera la longueur de l'apothème cherchée.

2.° Pour tout autre polyèdre régulier, on prolongera les plans de deux faces directement opposées, et la moitié de la perpendiculaire qui mesure la distance de l'un à l'autre sera égale à l'apothème du polyèdre en question.

PROPOSITION XXXVIII.

Problème.

189. Mesurer l'angle que font entre eux deux arcs de grands cercles, tracés sur la surface d'une sphère.

SOLUTION.

Qu'il s'agisse de l'angle BAC (*Fig.* 111), formé par les arcs AB et AC.

Par le sommet A menez respectivement aux arcs AB, AC, et dans leurs plans, les tangentes An, Am, elles feront entre elles l'angle nAm qui sera égal à celui des deux arcs AB et AC; de sorte qu'en mesurant cet angle nAm, on connaîtra la grandeur de BAC.

REMARQUE. On peut faire usage de ce moyen pour obtenir la valeur de l'angle d'un fuseau, ou pour évaluer chacun de ceux d'un polygone sphérique.

ESSAI DE GÉOMÉTRIE PRATIQUE.

LIVRE II.

Longimétrie.

190. LA *Longimétrie* est une Science qui a pour objet d'enseigner à mesurer sur le terrain les *longueurs* ou les *distances*.

Elle nous apprend à trouver la distance qui existe entre deux points donnés, soit qu'on puisse en approcher, ou qu'ils soient tous deux inaccessibles, ou qu'enfin l'un des deux seulement soit accessible.

191. Mesurer la distance de deux points ou la longueur de la ligne droite comprise entre eux, c'est chercher combien de fois cette ligne en contient une autre d'une grandeur déterminée que l'on prend pour *unité linéaire*.

192. Les distances que l'on peut avoir à mesurer sur le terrain sont appelées *horizontales*, quand elles sont parallèles à l'*horizon* (*), comme le lit d'une rivière; *verticales*, si

(*) L'*horizon* est le plan circulaire que nous apercevons autour de nous, principalement lorsque nous sommes au milieu d'une vaste plaine : dans cette position, il borne notre vue de toutes parts et semble joindre le Ciel avec la Terre.

elles lui sont perpendiculaires, comme un arbre, un clocher; *inclinées* dans tout autre cas, telle est la pente d'une montagne. Nous allons traiter successivement de la mesure des unes et des autres.

CHAPITRE PREMIER.

De la mesure des distances horizontales.

PROBLÊME PREMIER.

193. Mesurer sur le terrain la distance AB (*Fig.* 66), dont on peut parcourir toute l'étendue.

SOLUTION.

Après avoir tracé cette distance avec des jalons (129), deux personnes, prenant les extrémités d'une chaîne (130), tendront celle-ci et la porteront de A en B, autant de fois qu'elle pourra y être comprise, observant de se diriger toujours dans l'alignement des jalons. Cela fait, le nombre de chaînes qu'on aura trouvé donnera la longueur de la ligne ou de la distance AB.

REMARQUE. Cette longueur sera exprimée en *mètres* ou en *toises*, selon que la chaîne employée sera elle-même composée de mètres ou de toises.

PROBLÊME II.

194. Trouver le milieu d'une ligne AB tracée sur le terrain (*Fig.* 112).

SOLUTIONS.

1.° Tendez un cordeau sur la droite AB, si toutefois cette ligne n'est pas trop grande, pliez-le en deux parties égales, et portez-en la moitié depuis une extrémité A jusqu'au point *m*, où elle se terminera sur la droite AB; ce point *m* en sera le milieu.

2.° Si la ligne AB était trop grande, on chercherait

alors sa valeur en mètres, ou en toises, ou en d'autres mesures, et la moitié du nombre de ces mesures portée, comme précédemment, sur la ligne proposée en déterminera le milieu *m*.

Remarque. On pourrait employer le premier de ces procédés pour diviser un angle formé sur le terrain en deux parties égales ; car alors, par le sommet de cet angle et le milieu de la corde de l'arc qui le mesure, il suffirait de mener une droite que l'on prolongerait jusqu'à la rencontre de l'arc, et le point d'intersection indiquerait la division dont il s'agit.

PROBLÈME III.

195. Déterminer la longueur d'une distance AB (*Fig.* 113), qui n'est accessible que par ses extrémités A et B.

SOLUTION.

Ayant choisi dans la campagne un point C duquel on puisse voir les extrémités A, B, et mesurer les droites CA, CB, on prendra sur les prolongemens de ces lignes des parties CE = CA et CD = CB, puis on tracera DE qui sera égale à AB. Mesurant donc DE, on connaîtra la longueur de la distance AB.

Cette pratique est fondée sur ce que deux triangles sont égaux dans toutes leurs parties, lorsqu'ils ont un angle égal compris entre deux côtés égaux chacun à chacun (158).

Remarque. Si par rapport à l'étendue de AB, le terrain ne permettait pas de faire un triangle égal à CAB, alors on le construirait sur le papier au moyen d'une échelle et d'un rapporteur, comme il est dit au N.° 174.

PROBLÈME IV.

196. Mesurer une droite AB seulement accessible par son extrémité A (*Fig* 114).

SOLUTION.

Après avoir marqué sur le terrain un point C qui soit en ligne droite avec AB et un second *p* hors de cet alignement, prenez sur les prolongemens de Ap et de Cp deux parties pF, pE, respectivement égales aux distances pA, pC, puis menez la droite EF que vous prolongerez jusqu'à ce que l'extrémité G se trouve exactement dans la direction de pB (*); alors, mesurant GF, vous connaîtrez la grandeur de AB.

Il s'agit de démontrer que GF = AB. Or, par construction, le triangle pEF est égal au triangle pAC (158); donc l'angle pEF = pCA, et la droite EFG est parallèle à CAB (N.° 165, Corol. I). De-là il suit conséquemment que l'angle pFG = pAB; et comme FpG = ApB (61), en même tems que pF = pA, les deux triangles pFG et pAB, sont aussi égaux (159), de sorte qu'on a GF = AB.

REMARQUE I. En employant le graphomètre, on pourrait obtenir AB par une construction plus simple. On tracerait dans la campagne une ligne AP (*Fig.* 115) d'une grandeur arbitraire, puis ayant mesuré les angles PAB et APB, on ferait à l'extrémité A l'angle PAC = PAB, et en P l'angle APC = APB, ce qui déterminerait le triangle PCA égal à PBA, et par conséquent AC = AB.

REMARQUE. II. Si l'on voulait construire la figure sur le papier pour déterminer AB au moyen de l'échelle de dixme, on prendrait une base *ap* composée d'autant de parties de l'échelle que AP contient de mètres, on ferait avec le rapporteur des angles *a*, *p*, respectivement égaux aux angles PAB, APB, mesurés en A et P, et le triangle *apb* sera équiangle à APB, le troisième angle *abp* étant encore égal à ABP, comme ayant même mesure (N.° 167, Corol. I);

(*) La manière de trouver facilement la position du point G, ou l'intersection de deux droites non parallèles tracées sur le terrain, consiste à placer un signal *m* dans la direction de EF, au-delà du lieu où le point G doit tomber, et à marcher toujours dans l'alignement EF*m* vers *m* jusqu'à ce qu'on arrive dans celui de pB; là, on plante le jalon G.

il y a donc entre *ab* et AB le même rapport qu'entre *ap* et AP (note du Corol. III de la Prop. XXII. N.° 175), et puisque *ap* représente sur le papier la grandeur de AP, pareillement *ab* doit représenter celle de AB. Portant donc sur l'échelle une ouverture de compas égale à *ab*, le nombre des divisions qu'elle y comprendra exprimera évidemment la quantité de mètres renfermés dans AB, ou la longueur de cette ligne.

AUTRE SOLUTION.

197. Lorsqu'on ne voudra point mesurer d'angles, on pourra se conduire de la manière suivante.

Sur le prolongement de BA (*Fig.* 116) marquez à volonté un point C, et au-dessus ou au-dessous plantez un jalon P; menez CP, PB, et sur ces droites prenez les parties CN, PO, PD, toutes égales à CA; ensuite du point C et d'un rayon CR = CA, décrivez un petit arc, puis du point N, avec un rayon NR = NA, tracez-en un second qui coupera le premier en R, tellement que le triangle CRN sera égal à CAN : faites pareillement sur OP le triangle OPS = OPD; enfin prolongez les côtés CR, PS, jusqu'à leur rencontre mutuelle en G, ou bien cherchez cette intersection G par la méthode exposée dans la note du N.° précédent, CG égalera CB, et on aura encore RG = AB.

En effet, puisque les triangles CNR, CNA, sont égaux, et qu'il en est de même des triangles POS, POD, il s'ensuit que l'angle NCG = NCB, et l'angle OPG = OPB; par conséquent l'égalité des triangles CGP et CBP existe, puisqu'ils ont un côté commun CP adjacent à deux angles égaux chacun à chacun (159), et par suite CG = CB. Maintenant, si d'un côté on retranche la partie CR en ôtant de l'autre son égale CA, il est clair qu'il restera RG = AB (151).

REMARQUE. Cette construction peut se faire très-commodément sur le papier en déterminant la grandeur de chacune des lignes CP, NA, OD, CA = CN = PO = PD, que l'on porte successivement, au moyen d'une échelle, sur le papier, en observant de les disposer comme elles le sont sur le terrain, ou comme l'indique la figure 117. Elle est préférable à celle donnée précédemment en ce qu'elle n'oblige point à mesurer les angles, opération qui, dans la pratique, est sans contredit la plus délicate, et celle qui exige beaucoup d'habitude pour être effectuée exactement.

PROBLÈME V.

198. Mesurer la largeur AB d'un fleuve NR (*Fig.* 118).

SOLUTION.

Prenez un point R dans la direction de BA, et au-dessus de RBA élevez la perpendiculaire BP, sur laquelle vous établirez le graphomètre en un point quelconque P; mesurez l'angle BPA, et de l'autre côté de BP faites-en un BPN = BPA; plantez un jalon en G qui soit à la fois dans les alignemens RBA et NP, alors GB sera égal à BA. Mesurant donc GB, on connaîtra la largeur du fleuve.

Cela repose sur ce que, par construction, les deux triangles ABP et GBP sont égaux; car, dans chacun, l'angle B est droit, le côté BP est commun, et l'angle BPG = BPA; donc GB = AB.

Remarque I. Pour rapporter la figure ABP sur le papier, on y tracera deux lignes *ba*, *bp*, perpendiculaires entre elles, puis on portera de *b* en *p* autant de parties de l'échelle qu'il y a de mètres dans BP, et au point *p*, avec le rapporteur, on fera l'angle *bpa* = BPA; le côté *pa* coupera *ba* en *a* de manière que le nombre des divisions de l'échelle comprises dans *ba* exprimera précisément celui des mètres contenus dans AB.

Remarque II. Si le fleuve était sinueux et qu'on ne pût pas mener immédiatement sur sa rive la perpendiculaire BP, alors on s'en éloignerait jusqu'à un point quelconque C où il fût possible d'opérer comme on vient de l'indiquer, et le résultat serait CG = CA; ou bien, après avoir tracé le petit triangle PDO, on en formerait un second PSO tout-à-fait égal, au-dessous de CP, et le prolongement de PS rencontrerait celui de AC en un point G tel qu'on aurait encore CG = CA.

Il est visible que dans l'un ou l'autre cas, il faudra de la mesure de CG = CA, retrancher celle de CB, qui n'appartient point au fleuve, pour avoir la largeur AB de celui-ci.

Ce dernier procédé donnant un moyen analogue à celui de la Remarque du N.° 197 pour construire la figure sur le papier, on fera bien de l'employer chaque fois que les circonstances locales le permettront.

PROBLÈME VI.

199. Du haut d'une tour, déterminer l'éloignement AB d'un vaisseau qu'on aperçoit en mer (*Fig.* 119).

SOLUTION.

La ligne TA fait avec l'horizontale AB un angle droit, on peut mesurer TA et l'angle ATB, ce qui donne le moyen de former sur le papier un triangle *tab* semblable à TAB, et conséquemment celui de connaître la distance demandée.

PROBLÈME VII.

200. Mesurer la distance AB entièrement inaccessible (*Fig.* 120).

SOLUTION.

Choisissez dans la campagne un point C d'où il soit possible d'apercevoir les extrémités A et B; prenez ensuite sur les parties accessibles des lignes CA, CB, deux points H, I, par lesquelles vous ferez passer les droites HB, IA (*), qui se couperont en F, où vous planterez un jalon. Cela fait, sur les prolongemens des droites AC, FC, BC, prenez

(*) Pour plus de simplicité, on peut faire CI = CH.

CL = CH, CG = CF, CK = CI, et par les points K, L, passant par G, menez les lignes KGE, LGD, que vous terminerez lorsque leurs extrémités E et D se trouveront respectivement dans les directions de LCA et de KCB; enfin tracez la droite ED, elle sera égale à AB.

En effet, de l'égalité des triangles KCG et ICF, il résulte que l'angle CKE = CIA; mais aussi CK = CI, et l'angle KCE = ICA (51); donc le triangle CKE = CIA, et on a CE = CA. Par un raisonnement semblable, on démontrerait que CD = CB; et comme l'angle DCE = ACB, il s'ensuit que les triangles CDE et CAB sont égaux (158); donc ED = AB.

Remarque. Cette pratique peut être employée pour transporter sur le papier la figure qui comprend AB; car après y avoir formé sur une base commune *cf* égale à autant de parties de l'échelle que CF renferme de mètres sur le terrain, deux petits triangles *cfh*, *cfi*, semblables aux triangles CFH, CFI, les prolongemens des côtés *ch*, *if*, donneront par leur rencontre mutuelle le point *a*, tandis que ceux des lignes *ci*, *hf*, détermineront le point *b*; tirant donc *ab*, et portant cette distance sur l'échelle, on connaîtra, par le nombre des divisions qu'elle y comprendra, la quantité de mètres contenus réellement dans AB.

AUTRE SOLUTION.

201. Ayant pris à volonté sur le terrain une base CD (*Fig.* 121), faites, avec le graphomètre, au point C, l'angle DCR = DCA et DCN = DCB, puis au point D, l'angle CDR = CDA et CDN = CDB; les côtés DR, DN, rencontreront CR, CN, en R et N de manière qu'on aura RN = AB.

Car, par construction, les triangles RCD, NCD, sont égaux aux triangles ACD, BCD; donc CR = CA, RD = AD, CN = CB, ND = BD; de plus l'angle RCN, qui est la différence des angles RCD et NCD, égale évidemment l'angle ACB, qui exprime celle des deux angles ACD et BCD respectivement égaux aux premiers; par conséquent l'égalité des triangles CRN et CAB existe, en sorte que RN = AB.

Remarque. Pour employer ce procédé à représenter la distance AB sur le papier, après avoir pris une base *cd* renfermant autant de parties de l'échelle que CD contient de mètres, on formera au-dessus de *cd*, en se servant des angles qu'on a mesurés ou de la méthode exposée dans le N.° 197, deux triangles *acd* et *bcd* semblables à ceux tracés sur le terrain, et la ligne *ab* qui joint leurs sommets représentera la distance cherchée.

CHAPITRE II.

De la mesure des distances verticales.

PROBLÈME PREMIER.

202. Trouver la hauteur d'un objet dont le pied est accessible.

SOLUTION.

Qu'on veuille, par exemple, connaître la hauteur de la tour AB (*Fig.* 122).

On s'éloignera du pied de cette tour sur la ligne horizontale BC, jusqu'à un point C où ayant établi le graphomètre dans la situation indiquée par la figure 81 du N.° 141, on trouve l'angle R*n*A de 45°; alors l'angle RA*n* sera aussi de 45°, puisque le triangle AR*n* est rectangle en R; par conséquent R*n* = RA. Mesurant donc BC = R*n* (170), on aura la valeur de AR, qui, étant augmentée de la longueur C*n* du pied de l'instrument avec lequel on a mesuré l'angle R*n*A (*), donnera pour somme la hauteur AB de la tour en question.

(*) Si on voulait ne pas tenir compte de la hauteur du graphomètre, on prolongerait le rayon visuel A*n* jusqu'à ce qu'il rencontrât la terre en X; là, on planterait un piquet, et BX égalerait BA.

Cette pratique est fondée sur ce que dans tout triangle isocele les côtés opposés aux angles égaux sont égaux.

Remarque. Pour éviter le tatonnement auquel on est assujetti par la recherche de l'angle de 45°, on pourra faire usage de la méthode que nous avons expliquée dans le N.° 193.

PROBLÈME II.

203. Mesurer la hauteur d'un objet inaccessible AB (*Fig* 123).

SOLUTION.

Prenez dans la campagne deux points D et C, qui soient exactement dans la direction de AB; plantez des jalons sur le prolongement de CD, vers E; mesurez les angles CDA et DCA, puis faites au point C l'angle DCG = DCA, et au point D l'angle CDG = DCA; alors le triangle CGD aura tous ses côtés égaux à ceux du triangle DAC (159), et conséquemment la hauteur GE de l'un sera égale à la hauteur AB de l'autre (*); mesurant donc GE, on aura la grandeur de AB.

Remarque. Si le terrain ne permettait pas que l'on fît le triangle CGD sur la base CD, alors on mesurerait CD, dont on écrirait la valeur comme celle de chacun des angles CDA et DCA; puis, avec ces données, on construirait la figure dans un lieu commode, ou sur le papier.

PROBLÈME III.

204. Mesurer la hauteur d'un objet AB, situé sur le sommet d'une montagne (*Fig.* 124).

SOLUTION.

Ayant opéré tout-à-fait comme dans le Problême précedent pour former sur le terrain les triangles CGD et

---

(*) Car, s'il n'en était pas ainsi, deux triangles égaux, disposés semblablement, pourraient avoir des hauteurs différentes, ce qui est absurde.

DGE égaux respectivement aux triangles CAD et CA*b* (*), mesurez à l'extrémité C l'angle ACB, et au point D faites l'angle GDN = ACB, le côté DN ira couper en N la perpendiculaire GE, de sorte qu'on aura NG = AB; par conséquent, en mesurant NG, on connaîtra AB ou la hauteur cherchée.

Il est facile de se convaincre que NG = AB par l'égalité des triangles GND et ABC.

Remarque I. On opérerait de même dans le cas où le pied de la montagne serait encore inaccessible, car cette circonstance n'obligerait qu'à éloigner d'avantage la base CD de l'objet qu'on veut mesurer.

Remarque II. A chaque fois qu'il ne sera pas possible de former les triangles DGC et DGE immédiatement sur la base CD, on fera bien de les rapporter sur le papier, en suivant les procédés que nous avons exposés ci-dessus, parce qu'alors l'opération devient beaucoup moins longue et plus exacte.

PROBLÈME IV.

205. Déterminer la hauteur AB de l'ascension d'un ballon (*Fig.* 125).

SOLUTION.

Deux observateurs placés aux extrémités d'une base CD, prise à volonté mais autant que possible au-dessous du ballon, mesureront au même instant les angles BCA et BDA. Connaissant alors le côté CD et les deux angles adjacens du triangle CAD, il sera aisé d'en former un second sur le terrain qui lui soit égal, ou sur le papier qui lui soit semblable; de sorte qu'en mesurant la hauteur de ce dernier, on trouvera celle que l'on demande.

Remarque. Il est très-rare que l'on puisse construire le

(*) Si c'était sur le papier qu'on exécutât cette construction, au lieu d'être égaux, les triangles dont il s'agit seraient semblables entre eux.

triangle CAD sur le terrain par rapport à l'élévation du ballon qui est ordinairement fort grande; aussi j'engage à rapporter toujours la figure sur le papier.

CHAPITRE III.

De la mesure des distances inclinées.

PROBLÈME PREMIER.

206. Déterminer la longueur d'une ligne inclinée accessible par son extrémité inférieure, comme celle d'un mur en talus AB (*Fig.* 126).

SOLUTION.

Après avoir marqué deux points C et D dans la direction de la ligne AB, et à une certaine distance de l'extrémité B, établissez-y successivement le graphomètre pour mesurer les angles DCA et CDA; faites ensuite sur CD le triangle CGD égal au triangle CAD, et menez GB, cette ligne sera égale à AB.

Ceci repose sur ce que, par construction, les deux triangles CGD et CGB sont respectivement égaux aux triangles CAD et CAB.

Remarque. Si le terrain ne permet pas de former sur CD le triangle CGD, on prendra dans un lieu convenable une base *cd* que l'on prolongera d'une quantité *cb* = CB, puis faisant en *c* l'angle *dcg* = DCA, et en *d* l'angle *cdg* = CDA, enfin menant *gb*, cette droite représentera AB.

En se conduisant de la même manière, on tracerait la figure sur le papier.

PROBLÈME II.

207. Mesurer une distance inclinée à l'horizon et inaccessible de toutes parts, telle que la pente AB d'une montagne au pied de laquelle coule une rivière (*Fig.* 127).

SOLUTION.

Ayant pris un point C duquel on puisse mesurer l'angle BCA, que je suppose de 30°, on s'éloignera sur le prolongement de BC jusqu'à un point D, où l'angle CDA, ne vaille que la moitié de BCA, c'est-à-dire 15°; alors, comme l'angle BCA = CDA + CAD (166), et que CDA = $\frac{1}{2}$ BCA, on a aussi CAD = $\frac{1}{2}$ BCA; donc CD = CA (N.° 57, Rem. I). Faisant maintenant au point C l'angle DCG = BCA = 30°, et marchant sur CG jusqu'à ce qu'on arrive à un point G où l'angle CGB ait pour mesure la $\frac{1}{2}$ de BCA ou 15°, on aura encore CBG = CGB et conséquemment CG = CB, par la même raison que ci-dessus; de sorte qu'en menant et mesurant DG, on connaîtra la longueur de AB.

Il s'agit de démontrer que DG = AB. Or, cela est facile : car en observant que les deux triangles CDG et CAB ont chacun, par construction, un angle égal compris entre deux côtés égaux, on en conclura sur le champ qu'ils sont égaux, et par suite que DG = AB.

REMARQUE. Si on ne pouvait faire l'opération sur la base CD, alors, pour l'effectuer dans une plaine, ou sur le papier, il faudrait mesurer de plus que dans le cas précédent la distance CB, c'est-à-dire son égal CG.

PROBLÈME III.

90. Trouver la longueur d'un objet incliné AB (*Fig.* 123), situé sur un rocher qu'il est impossible d'approcher.

SOLUTION.

Tracez dans la campagne une base CD (*) d'une grandeur arbitraire, mais des deux extrémités de laquelle on puisse

(*) Il faut dans cette pratique que les jalons qui servent à tracer CD, se confondent exactement avec AB, afin que ces deux lignes CD, AB, se trouvent dans le même plan vertical et ne forment qu'un seul polygone avec les rayons visuels CA, DB.

voir les points A et B; mesurez ensuite les quatre angles DCA, DCB, CDA, CDB, que forment avec CD les rayons visuels CA, CB, DA, DB, et sur CD (ou dans tout autre endroit sur une base égale à CD) construisez, comme l'indique le N.° 201, une figure CDNR égale à CDBA; il est évident qu'en mesurant NR, on aura la longueur de AB.

REMARQUE I. Pour rapporter la distance AB sur le papier, on emploierait l'un des moyens cités dans la Remarque du N.° 201.

REMARQUE II. La solution précédente peut encore servir à déterminer la distance de deux nuages orageux à un instant donné; seulement deux observateurs placés aux extrémités de la base CD mesureraient simultanément les angles en C et en D, ayant soin de diriger les rayons visuels à la partie la plus obscure de chaque nuage, ainsi que le montre la figure 129, puis on acheverait l'opération à l'ordinaire, soit sur le papier, soit sur le terrain.

N.B. Le lecteur fera attention que plusieurs des problèmes qui ont été résolus dans les chapitres précédens sont d'une construction difficile, et que pour les exécuter avec quelque précision, il faut avoir acquis l'habitude d'opérer sur le terrain.

ESSAI
DE GÉOMÉTRIE
PRATIQUE.

LIVRE III.

Planimétrie
ou
Arpentage.

209. La *Planimétrie*, appelée aussi *Arpentage*, a pour objet de faire connaître les moyens de mesurer la surface de toute figure plane.

210. Par la *surface* ou l'*aire* d'une figure, on entend la portion d'étendue comprise entre les lignes ou côtés qui en déterminent la forme.

211. On nomme *figures équivalentes*, celles dont les surfaces sont égales : un *cercle* peut être équivalent à un *quarré*, quoique ces figures soient de formes bien différentes.

212. *Mesurer une surface*, c'est chercher combien de fois elle en contient une autre plus petite d'une grandeur connue, prise pour *unité de superficie*.

La surface que l'on a choisie pour *mesure superficielle* est le *quarré*, qui a pour côté l'unité linéaire, parce que cette figure plane est celle qu'on peut le plus facilement comparer à toutes les autres.

Ainsi, mesurer la surface ABCD (*Fig.* 130), c'est déterminer combien elle renferme de quarrés tels que *mrnp* pris pour unité superficielle: et, suivant que le côté *rm*, qui représente l'unité de longueur, vaudra un mètre ou un pied, ce sera trouver combien la surface ABCD contient de mètres ou de pieds quarrés, puisqu'alors *mrnp* représentera lui-même un mètre ou un pied quarré.

Or voici une idée du moyen que l'on emploie pour avoir en mètrés superficielles l'aire du rectangle ABCD.

On mesure la base AB et la hauteur AD avec le côté *rm* du quarré *mrnp*, que je suppose y être compris, par exemple, 5 fois dans l'une et 4 fois dans l'autre; puis, menant par tous les points de division de la base des parallèles à la hauteur, et par les points de division de la hauteur des parallèles à la base, la surface du rectangle se trouvera décomposée en autant de quarrés égaux à *mrnp*, qu'il y a d'unités dans le produit fait du nombre des divisions de la base par le nombre des divisions de la hauteur, c'est-à-dire en 5×4 ou 20 quarrés tels que *mrnp*.

Si la base et la hauteur du rectangle proposé ne contenaient pas un nombre de fois exact le côté *rm*, on n'en serait pas moins conduit au même résultat. Car, en supposant que *rm* ne soit que $3 + \frac{2}{5}$ fois dans *AB* et $2 + \frac{1}{2}$ dans *AD* (*Fig.* 131), après avoir changé ces deux nombres en ceux-ci $\frac{17}{5}$ et $\frac{5}{2}$, qui équivalent à ces autres $\frac{34}{10}$ et $\frac{25}{10}$, affectés du même dénominateur, on prendra $\frac{1}{10}$ de l'unité linéaire pour unité de mesure, et alors l'unité superficielle sera le quarré qui aura pour côté $\frac{1}{10}$ de *rm*; or, ce quarré étant contenu 34×25 fois dans le rectangle *ABCD*, le quarré du côté *rm* qui vaut 100 fois le premier, d'après ce qui précède, ne sera conséquemment que $\frac{34 \times 25}{100}$ fois dans

ABCD, c'est-à-dire, $\frac{34}{10} \times \frac{25}{10} = \left(3 + \frac{2}{5}\right) \times \left(2 + \frac{1}{2}\right)$ fois, produit dont les facteurs représentent encore respectivement combien de fois l'unité linéaire est contenue dans la base et dans la hauteur du rectangle *ABCD*.

On peut donc dire généralement que pour évaluer en unités superficielles la surface d'un rectangle quelconque, il faut multiplier le nombre des unités linéaires contenues dans sa base par le nombre des unités linéaires comprises dans sa hauteur; ce qu'on énonce plus simplement en ces termes :

L'aire d'un rectangle est égale au produit de sa base par sa hauteur.

Remarque. Il est utile de se rappeler toujours que dans cette expression abrégée, comme dans toutes celles de cette espèce, on ne doit point entendre le produit de deux lignes, mais bien celui de deux nombres qui représentent combien de fois chacune renferme l'unité linéaire, ou le côté de l'unité superficielle.

213. Si l'on considère maintenant le rectangle ABCD et le parallélogramme ABnm (*Fig.* 132), de même base AB et de même hauteur BC, on verra sans peine qu'ils sont équivalens. Car, par la nature de ces figures, les côtés AD, BC, sont égaux et parallèles, ainsi que Am, Bn; donc l'angle DAm = CBn (171), et les triangles ADm et BCn sont égaux, en vertu de la Proposition VII (153); par conséquent le parallélogramme ABnm est équivalent au rectangle ABCD, puisque l'un et l'autre sont composés de deux parties respectivement égales. Mais la surface de ce dernier a pour mesure AB × BC, celle du premier sera donc aussi exprimée par AB × BC; de sorte qu'on peut conclure généralement que

L'aire d'un parallélogramme est égale au produit de sa base par sa hauteur.

214. Enfin, si dans un rectangle ou dans un parallélogramme ABCD (*Fig.* 175), on mène la diagonale AC, elle divisera chacune de ces figures en deux triangles égaux, comme ayant leurs trois côtés égaux; par conséquent tout triangle ABC, ou ADC, est la moitié du rectangle ou du parallélogramme de même base et de même hauteur; il doit donc avoir pour mesure de son étendue superficielle la moitié de celle de la figure dont il fait partie, c'est-à-dire, *la moitié du produit de sa base par sa hauteur.*

215. Il suit évidemment de ce qui précède que deux rectangles, ou parallélogrammes, ou triangles, de même base sont entre eux comme leurs hauteurs; et réciproquement, s'ils ont même hauteur, ils sont entre eux dans le rapport de leurs bases.

216. Tels sont les principes sur lesquels repose l'évaluation des surfaces que nous traiterons après avoir fait connaître le calcul qui y correspond.

CHAPITRE PREMIER.

Du calcul relatif à l'évaluation des surfaces.

217. Tout le calcul de l'évaluation des surfaces en général se réduit à trouver le produit de deux facteurs, qui peuvent toujours être considérés comme la *base* et la *hauteur* d'un rectangle équivalent à la figure donnée, et dont leur multiplication s'effectue conformément aux règles relatives aux nombres décimaux ou complexes, suivant que ces facteurs sont exprimés en mètres ou en toises, sauf quelques modifications dans l'interprétation et la transformation des unités du produit, que nous allons exposer successivement.

218. D'abord, si la base d'un rectangle contient $24,^{m.}$ $76^{c.m.}$ et sa hauteur $15,^{m.}28^{c.m.}$; en multipliant ces deux

nombres, on trouve 254,5328. L'unité de ce résultat est un quarré ayant un mètre de côté, qu'on nomme pour cette raison *mètre quarré*, et la fraction décimale qui accompagne la partie entière 254, représentant toujours des dixièmes, des centièmes, des millièmes, etc., de l'unité principale, il est clair que la mesure ci-dessus pourrait s'énoncer ainsi: 254 *mètres quarrés*, 5328 *dix-millièmes de mètre quarré*.

Mais, comme ordinairement on fait correspondre les subdivisions du mètre quarré avec celles du mètre linéaire, il faut observer que

Le *mètre quarré* contient 100 quarrés d'un décimètre de côté, ou 100 *décimètres quarrés*;

Le *décimètre quarré* contient 100 quarrés d'un centimètre de côté, ou 100 *centimètres quarrés*; et ainsi de suite.

Ce sont donc les *centièmes* de mètre quarré qui expriment les *décimètres quarrés*, les *dix-millièmes* qui représentent les *centimètres quarrés*, etc.; en sorte que le nombre 254,5328 s'énonce:

254 *mètres quarrés*, 53 *décimètres quarrés*, 28 *centimètres quarrés*.

219. On voit par là qu'il n'est pas permis de confondre le *dixième* du mètre quarré avec le *décimètre quarré*, puisque le premier, représentant un rectangle dont la base égale 1 mètre et la hauteur 1 décimètre, vaut 10 fois autant que le second, qui n'exprime que la *centième* partie du mètre quarré.

On se tromperait encore si l'on prenait les *centièmes* du produit pour des *centièmes quarrés*, car ceux-ci, d'après ce qui précède, ne se trouvent que dans les décimales du 3.e et du 4.e ordres du résultat; et il en est de même à l'égard des parties décimales qui suivent (*).

(*) Il est nécessaire de distinguer aussi les expressions de cette sorte; 10 *mètres quarrés*, et 10 *mètres en quarré*: car la première indique une surface équivalente à 10 quarrés d'un mètre de côté, et la seconde un seul quarré ayant 10 *m.* de côté et valant conséquemment 100 mètres quarrés.

Ainsi, pour énoncer en mesures quarrées les décimales d'un produit résultant de l'évaluation d'une surface, il faut, en partant de la virgule et après avoir rendu leur nombre pair s'il ne l'était pas, séparer ces chiffres de deux en deux, et chaque tranche représentera respectivement des *décimètres quarrés*, des *centimètres quarrés*, etc.

Supposons que le produit à énoncer soit 456,78953. En écrivant un zero à la droite de ce nombre, il devient 456,78,95,30 et s'énonce 456 *mètres quarrés*, 78 *décimètres quarrés*, 95 *centimètres quarrés*, 30 *millimètres quarrés*.

300. Ce qu'on vient de dire pouvant s'appliquer également aux diverses unités placées à la gauche de la virgule, en observant que l'*are*, quarré de dix mètres de côté, renferme 100 mètres quarrés, et que l'*hectare* contient 100 ares, le nombre 34567 mètres quarrés, par exemple, se décomposera en 3 *hectares*, 45 *ares* et 67 *mètres quarrés* qu'on nomme aussi *centiares*.

301. En second lieu, si les dimensions de la figure dont on veut déterminer l'étendue superficielle sont mesurées avec la *toise*, pour effectuer le calcul, qui prend alors le nom de *toisé*, on peut se servir de deux moyens.

302. Le premier qui se présente, comme étant le plus facile à concevoir, est de convertir chacun des facteurs en unités de la plus petite espèce qui soit contenue dans les deux, afin que le résultat soit exprimé en mesures quarrées ayant cette dernière subdivision pour côté. Par exemple, s'il y a des lignes dans l'un des facteurs, on les réduit tous deux en lignes, et leur produit sera des *lignes quarrées*.

Pour remonter à des mesures plus grandes, on observera que

Le *pouce quarré* vaut 12l. × 12l., ou 144 *lign. quarrées;*
Le *pied quarré*.....12po. × 12po., ou 144 *pouces quarr.;*
La *toise quarrée*..... 6pi. × 6pi., ou 36 *pieds quarrés;*

de manière qu'en divisant le résultat successivement par ces nombres 144, 144 et 36, on le changera en *pouces quarrés, pieds quarrés* et *toises quarrées*, dont les signes abréviatifs sont respectivement *l.l.*, *p.p.*, *P.P.*, *T.T.*, pour les *lignes quarrées*, les *pouces quarrés*, etc.

Par exemple, si la longueur d'un rectangle contient 2T 4pi 6po et la hauteur 1T 5pi 3po 8l, on convertira ces nombres en lignes, ce qui les changera en ceux-ci 2376l et 1628l, dont le produit est 3868128 lignes quarrées. Pour les réduire en *pouces quarrés*, on divise par 144, et on trouve exactement 26862p.p.; ce premier résultat étant divisé encore par 144, pour avoir des *pieds quarrés*, donne 186P.P. et 78p.p. de reste; enfin, divisant ces 186P.P. par 36, on obtient 5T.T. pour quotient et 6P.P. de reste; de sorte qu'en réunissant ces divers résultats, la surface du rectangle en question équivaut à 5T.T. 6P.P. 78p.p.

Voici le dispositif de l'opération relative à la réduction des unités du produit.

3868128l.l.	144		
988	26862p.p.	144	
1241	1246	186P.P.	36
892	942	3.e R. 6P.P.	5T.T.
288	2.e R. 78p.p.		

1.er Reste.... 0l.l.

Ce qui montre que le résultat de la réduction dont il s'agit, se compose du dernier quotient et de tous les restes des divisions précédentes.

223. Le second moyen consiste à opérer immédiatement sur les dimensions, telles qu'on les a trouvées, en faisant usage des règles relatives à la multiplication des nombres complexes.

Supposons, par exemple, que les nombres

65T 4pi 8po et 33T 5pi 7po

représentent les deux dimensions à multiplier : si l'on prend le premier pour multiplicande, on concevra d'abord un rectangle ayant 65T 4pi 8po de base sur 1T de hauteur, et qui sera conséquemment à celui dont on cherche la mesure, selon le N.° 215, comme 1T : 33T 5pi 7po. D'où il suit qu'on peut regarder le multiplicateur comme un nombre abstrait, indiquant combien de fois il faut répéter le multiplicande : or, un rectangle de $65^T\ 4^{pi}\ 8^{po}$ de base sur 1^T de hauteur, se décompose en

Un rectangle de 65^T de base sur 1^T de hauteur, et contenant 65 toises quarrées;

Plus 4 rectangles ayant chacun 1^{pi} de base sur 1^T de hauteur, qu'on nomme pour cette raison *toises-pieds*, et dont 6 composent évidemment la toise quarrée;

Plus 8 rectangles de 1^{po} de base sur 1^T de hauteur; ceux-ci prennent le nom de *toises-pouces*, et il en faut 12 pour former la toise-pied.

En continuant de même, on parviendrait, s'il y avait lieu, aux *toises-lignes*, *toises-points* (*), qui auraient entre elles, et avec la toise quarrée, les mêmes rapports que les subdivisions linéaires qui leur servent de base.

Ces considérations ramènent évidemment l'opération dont il s'agit à répéter le nombre $65^T\ 4^{pi}\ 8^{po}$, considéré comme représentant un rectangle de $65^{TT}\ 4^{TP}\ 8^{Tp}$ de surface, autant de fois qu'il est marqué par $30^T\ 5^{pi}\ 7^{po}$; ce qu'on effectue ainsi qu'il suit :

	65T.T.	4T.pi.	8T.po		
	30T.	5pi.	7po.		
Produit des 30T.	1973T.T.	2T.pi	0T.po		
Pour 3pi.	32	5	4		
1pi.	10	5	9	4T.l.	
1pi.	10	5	9	4	
Pour 6po.	5	2	10	8	
1po.	0	5	5	9	4T.pt.
Produit total. . . .	2034 T.T.	3 T.pi	5 T.po	1 T.l	4 T.pt.

(*) Les signes qui servent à représenter ces diverses mesures, en partant de la toise quarrée, sont respectivement : T.T., T.pi, T.po, T.li, T.pt.

Excepté la première partie de ce résultat qui est en toises quarrées, les autres sont des rectangles; mais leur conversion en pieds quarrés, pouces quarrés, etc., est facile; car

La *toise-pied* vaut $6^{pi} \times 1^{pi}$, ou 6 pieds quarrés;

La *toise-pouce* .... $\frac{1^{T.pi}}{12}$, ou la $\frac{1}{2}$ d'un pi.q., ou 70 po.q.;

La *toise-ligne* .... $\frac{1^{T.po}}{12}$, ou 6 pouces quarrés;

La *toise-point*.... $\frac{1^{T.li}}{12}$, ou la $\frac{1}{2}$ d'un po.q., ou 72 lig. q.;

et ainsi de suite.

En multipliant donc respectivement par 6, $\frac{1}{2}$, 6, $\frac{1}{2}$, les *Toises-pieds*, *Toises-pouces*, *Toises-lignes* et *Toises-points* du produit obtenu précédemment, il vient alors

$$2034^{T.T.}\ 19^{p.p.}\ 80^{p.p.}$$

pour l'aire d'un rectangle qui aurait les dimensions énoncées ci-dessus. Voici la manière de disposer l'opération de cette transformation.

$$\begin{array}{lccccc} & 2034^{T.T.} & 3^{T.pi} & 3^{T.po} & 1^{T.l} & 4^{T.pt} \\ & & 6 & \frac{1}{2} & 6 & \frac{1}{2} \\ \hline \text{Résultat.....} & 2034^{T.T.} & 19^{p.p} & 80^{p.p} & & \end{array}$$

REMARQUE. Le premier des deux procédés que nous venons de rapporter est certainement plus facile à saisir que le second, mais comme il conduit toujours à opérer sur des nombres très-grands, on n'en fait pas ordinairement usage.

224. La toise quarrée et ses parties ne servaient qu'à la mesure des petites surfaces; les champs s'évaluaient en *perches* et en *arpens*, mesures dont la grandeur et les subdivisions variaient pour chaque province différente.

Dans toutes les tables de réduction des mesures anciennes en nouvelles, qui sont placées à la suite des élémens d'Arithmétique, on trouve deux sortes d'arpens comparés aux nouvelles mesures agraires, savoir, l'*arpent des Eaux et Forêts* et l'*arpent de Paris* ; l'un et l'autre étaient composés de 100 perches quarrées dont chacune représentait un quarré, qui, dans le premier, avait 22 pieds de côté, et seulement 18 pieds ou 3 toises dans le second.

225. En comparant les deux méthodes que l'on vient d'exposer, on remarquera aisément que le calcul de l'evaluation des surfaces, si simple lorsqu'on se sert des nouvelles mesures, devient beaucoup plus compliqué quand on emploie les anciennes. La raison en est que les subdivisions de la *toise* ne sont pas uniformes, tandis que celles du *mètre*, conservant toujours les unes à l'égard des autres la même relation qui existe entre les diverses unités des nombres entiers, rendent toutes les opérations semblables à celles qu'on effectue sur ces derniers nombres. En cela, on peut donc voir encore un avantage des nouvelles mesures, et de plus un très-puissant motif pour nous engager à renoncer entièrement aux anciennes, dont l'usage rend le calcul à la fois long et pénible.

CHAPITRE II.

De la mesure des Polygones.

PROBLÈME PREMIER.

226. Déterminer la surface d'un triangle quelconque ABC (*Fig* 134).

SOLUTION.

Ayant abaissé du sommet A la perpendiculaire AD sur le côté opposé BC, ou sur son prolongement, l'aire du triangle ABC aura pour expression

$$\frac{1}{2}\ BC \times AD, \quad \text{ou} \quad BC \times \frac{1}{2}\ AD.$$

Application.

Supposons que sur le terrain on ait mesuré les deux

dimensions du triangle ABC, et qu'on ait trouvé BC $= 32^m$, AD $= 24^m$: alors on aurait

Surf. ABC $= 32^m \times 12^m = 384^{m.q.} = 3^{ares}, 84^{centiares}$

Remarque. Si le triangle proposé était rectangle, on pourrait prendre pour la mesure de son aire la moitié du produit des deux côtés qui comprennent l'angle droit.

Ainsi, $\frac{1}{2}$ AB $\times$ BC représente la surface du triangle ABC (*Fig.* 19).

PROBLÈME II.

227. Connaissant les trois côtés d'un triangle quelconque, déterminer sa surface.

SOLUTION.

Mesurez les trois côtés du triangle proposé ; de leur demi-somme retranchez successivement chacun des côtés, ce qui donnera trois restes ; multipliez ces restes entre eux et par la demi-somme ; extrayez la racine quarrée du produit, et cette racine sera la surface cherchée.

Application.

Pour le triangle ABC (*Fig.* 135), qu'on ait

$$AB = 15^m, \quad BC = 12^m, \quad CA = 9^m ;$$

on trouvera

$$AB + BC + CA = 36^m, \quad \frac{1}{2}\left(AB + BC + CA\right) = 18^m,$$

et conséquemment, d'après ce qui précède,

$$S.\ ABC = \sqrt{18(18-15)(18-12)(18-9)} = \sqrt{18.3.6.9} = \sqrt{2916} = 54^{m.q},$$

ou enfin

$$Surf.\ ABC = 54^{centiares}$$

PROBLÈME III.

228. Trouver l'aire d'un rectangle ABCD (*Fig.* 136).

SOLUTION.

Un rectangle a pour mesure le produit de sa base par sa hauteur (212) ; par conséquent

$$Surf.\ ABCD = AB \times AD.$$

Application.

Soient AB = 20^m et AD = 8^m; on aura

Surf. ABCD = $20^m \times 8^m$ = 160 m.q. = 1 are, 60 centiares.

Corollaire. Si les côtés du rectangle étaient égaux, la figure deviendrait un quarré (*Fig.* 137), et on aurait pour l'expression de sa surface

$$AB \times AB \text{ ou } \overline{AB}^2;$$

c'est-à-dire que pour avoir l'aire d'un quarré, il suffit de multiplier le nombre des unités linéaires que contient son côté par lui-même.

Supposant donc $AB = 10^m$, il vient

Surf. $ABNM = 10^m \times 10^m$ = 100 m.q. = 1 are.

PROBLÈME IV.

229. Mesurer la superficie d'un parallélogramme ABCD (*Fig.* 138).

SOLUTION.

Tout parallélogramme a pour mesure le produit de sa base par sa hauteur (213); donc, après avoir abaissé la perpendiculaire Dp, on aura

Surf. ABCD = AB × Dp.

Application.

Que AB = 8^m,3 d.m et Dp = 6^m, on trouvera

Surf. ABCD = $8^m,3 \times 6^m$ = 49 m.q. 8 = 49 c.A. 80 d.m.q.

Remarque. On obtiendrait semblablement la superficie d'un *losange*, qui n'est qu'un parallélogramme dont tous les côtés sont égaux.

PROBLÈME V.

230. Mesurer la surface d'un trapèze ABCD (*Fig.* 139).

SOLUTION.

Abaissez Cp perpendiculaire sur AB, l'aire du trapèze sera exprimée par

$$\frac{1}{2}\,Cp \times (AB + CD);$$

ce qui est évident si l'on mène la diagonale AC, car alors la figure est décomposée en deux triangles qui ont Cp pour hauteur commune, et respectivement pour bases AB et CD.

Application.

Si $AB = 20^m$, $CD = 13^m$, et la hauteur $Cp = 8^m$, il s'ensuivra

$$Surf.\ ABCD = \frac{8^m}{2} \times (20^m + 13^m) = 4^m \times 33^m$$
$$= 132^{m.q.} = 1^A, 32^{c.A.}$$

AUTRE SOLUTION.

Marquez les milieux r et n des côtés non parallèles AD, BC (*Fig.* 140), et menez rn; l'aire cherchée aura pour expression

$$Cp \times rn \text{ (*)}.$$

Ainsi, en supposant $Cp = 10^m$ et $rn = 15^m$, on aura

$$Surf.\ ABCD = 10^m \times 15^m = 150^{m.q.} = 1^A, 50^{c.A.}$$

PROBLÈME VI.

231. Trouver l'étendue superficielle d'un quadrilatère quelconque ABCD (*Fig.* 141).

SOLUTION.

Menez la diagonale BD, elle divisera le quadrilatère en deux triangles BCD et BAD, dont on obtiendra évidemment les surfaces en multipliant la base commune BD par la demi-somme des hauteurs Cp et An; l'expression de la surface du quadrilatère en question est donc

$$BD \times \left(\frac{Cp + An}{2}\right).$$

(*) Car, en menant par le point r la ligne zx parallèle à CB, les triangles rxD, rAz, seront égaux en vertu de la Prop. VII, N.° 158, et conséquemment le parallélogramme $zBCx$ sera équivalent au trapèze ABCD : mais le premier a pour mesure sa base AB ou son égale $rn \times Cp$; donc aussi

$$Surf.\ ABCD = Cp \times rn.$$

Application.

Ayant trouvé la base commune ou la diagonale BD $= 12^m$, la hauteur $Cp = 7^m$ et $An = 5^m$, on a

$$S.\,ABCD = 12^m \times \left(\frac{7^m + 5^m}{2}\right) = 12^m \times 6^m = 72^{m.q.} = 72^{c.A.}$$

PROBLÈME VII.

232. Mesurer l'aire d'un polygone régulier.

SOLUTION.

Cherchez la longueur de l'apothème du polygone donné (185), puis mesurez un côté que vous répéterez autant de fois que le polygone en contient pour avoir son périmètre, le produit de ce périmètre par la moitié de l'apothème trouvée donnera la surface demandée.

Application.

Soit un hexagone ABCDEF (*Fig.* 142), dont le côté AB $= 20^m$ et l'apothème $op = 17^m,3$; le périmètre sera de 20^m répétés 6 fois, c'est-à-dire de 120^m, en sorte qu'on aura

$$S.\,ABCDEF = 120^m \times 17^m,3 = 60^m \times 17^m,3 = 1038^{m.q.} = 10^A,38.^{c.A.}$$

PROBLÈME VIII.

233. Mesurer l'aire d'un polygone irrégulier quelconque.

SOLUTION.

Pour avoir la surface de tel polygone irrégulier qu'on voudra, la marche la plus simple à suivre est de le partager en triangles, d'évaluer leurs surfaces, puis d'en faire la somme, qui exprimera évidemment l'aire du polygone proposé.

Application.

Soit ABCDEF le polygone dont on veut obtenir l'étendue superficielle (*Fig.* 143); on tracera les diagonales CA, CF, CE, sur lesquelles on abaissera les perpendiculaires Bo, Ax, Es, Dn; et, après avoir mesuré toutes les lignes CA, CF, CE, Bo, Ar, Es, Dn, que je suppose être respectivement de 16, 20, 12, 6, 8, 9 et 4 mètres, on aura d'abord

$$Surf.\ ABC = 16^m \times 3^m = 48^{m.q.},$$
$$Surf.\ ACF = 20^m \times 4^m = 80^{m.q.},$$
$$Surf.\ FCE = 20^m \times 4^m,5 = 90^{m.q.};$$
$$Surf.\ ECD = 12^m \times 2^m = 24^{m.q.};$$

puis en faisant la somme de ces surfaces partielles, il vient

$$Surf.\ (ABC + ACF + FCE + ECD) = 48 + 80 + 90 + 24 = 242^{m.q.},$$

et enfin

$$Surf.\ ABCDEF = 2^{ares}, 42^{centiares}$$

Remarque. On peut abréger l'opération précédente, en observant d'abaisser les perpendiculaires de manière qu'une même diagonale serve de base commune à deux triangles, afin d'en trouver les surfaces par une seule multiplication.

Par exemple, dans le polygone dont il s'agit, en prenant la diagonale CA pour base des deux triangles ABC et AFC, on aura à la fois leurs surfaces en multipliant CA par la demi-somme des perpendiculaires Bo et Fr′ (231); de même le produit $CE \times \left(\frac{Fs' + Dn}{2}\right)$ représentera la surface des triangles CFE et CDE, qui ont CE pour base commune. En sorte qu'il est possible d'obtenir l'aire cherchée par deux multiplications seulement et sans mesurer la troisième diagonale CF, qu'il est même encore inutile de tracer.

On doit donc, dans la pratique, préférer ce dernier moyen, puisqu'il est tout aussi simple et en même temps beaucoup plus expéditif que le précédent.

Application.

La perpendiculaire Fr′ étant égale à 10^m et Fs′ à 15^m, d'après ce qui vient d'être dit, on aura

$$S.\ (ABC + AFC) = 16^m \times \left(\frac{10^m + 6^m}{2}\right) = 16^m.8^m = 128^{m.q.},$$
$$S.\ (CFE + CDE) = 12^m \times \left(\frac{15^m + 4^m}{2}\right) = 12^m.9^m,5 = 114^{m.q.},$$

et conséquemment

$S.(\mathrm{ABC}+\mathrm{AFC}+\mathrm{CFE}+\mathrm{CDE})=128^{m.q.}+114=242^{m.q.}$,

ou $\quad$ *Surf.* ABCDEF = 2 *ares*, 42 *centiares*

PROBLÈME IX.

134. Mesurer l'aire d'un polygone irrégulier ABCDEFGH (*Fig.* 144), en le partageant en triangles et en trapèzes.

SOLUTION.

Menez d'abord la diagonale AE, qui le divisera en deux parties quelconques; ensuite, sur cette droite et des sommets de tous les autres angles du polygone, abaissez les perpendiculaires Hk, Gn, Fm, Dr, Co, Bi, elles le partageront de la manière demandée.

Après cette opération, qu'on peut exécuter très-facilement avec l'équerre d'arpenteur, on mesurera toutes les parties Ak, kn, nm, mE, Er, ro, oi, iA, ainsi que les perpendiculaires Hk, Gn, etc.; puis, calculant la surface de chaque partie et les réunissant toutes, leur somme donnera l'aire du polygone proposé.

Application.

Que Ak = 4^m, kn = 7, nm = 5, mE = 12, Er = 3, ro = 6, oi = 16, iA = 3; et Hk = 8, Gn = 6, Fm = 10, Dr = 8, Co = 9, Bi = 6, on aura

$S.\,\mathrm{AH}k = 2\times 7 = 14^{m.q.}\; S.\,\mathrm{H}kn\mathrm{G} = 7\times\left(\frac{8+6}{2}\right) = 7.7 = 49^{m.q.}$,

$S.\,\mathrm{G}nm\mathrm{F} = 5\times\left(\frac{6+10}{2}\right) = 5\times 8 = 40;\; S.\,\mathrm{F}m\mathrm{F} = 5\times 12 = 60^{m.q.}$,

$S.\,\mathrm{AB}i = 3\times 3 = 9,\; S.\,\mathrm{B}io\mathrm{C} = 16\times\left(\frac{6+9}{2}\right) = 8.15 = 120^{m.q.}$,

$S.\,\mathrm{C}or\mathrm{D} - 6.\left(\frac{9+8}{2}\right) = 3.17 = 51,\; S.\,\mathrm{D}r\mathrm{E} = 4\times 3 = 12^{m.q.}$,

et par suite

$$S.\left\{\begin{matrix}\mathrm{AH}k+\mathrm{H}kn\mathrm{G}+\mathrm{G}nm\mathrm{F}+\mathrm{F}m\mathrm{E}\\ +\mathrm{AB}i+\mathrm{B}io\mathrm{C}+\mathrm{C}or\mathrm{D}+\mathrm{D}r\mathrm{E}\end{matrix}\right\}=\left\{\begin{matrix}14+49+40+60+9\\ +120+51+12^{m.q.}\end{matrix}\right\},$$

ou enfin *Surf.* ABCDEFGH = $355^{m.q.}$ — 3, *ares* 55. *centiares*

REMARQUE. Il est visible que cette manière d'opérer est en tout plus longue que la précédente ; par conséquent elle ne doit point lui être préférée.

Moyen d'obtenir approximativement l'aire d'un polygone irrégulier.

235. Quand le polygone irrégulier dont on veut trouver l'aire a beaucoup de côtés et que l'opération n'exige pas une rigoureuse exactitude, il est très-commode, dans la pratique, de renfermer la plus grande partie possible de la figure donnée dans un rectangle, un parallélogramme, un trapèze, ou un triangle, suivant que le cas le permet, puis de calculer la superficie de cette dernière figure, avec l'attention d'y ajouter ou d'en retrancher ensuite les surfaces des petits polygones saillans ou rentrans, selon que ceux-ci appartiennent ou n'appartiennent point à la figure qu'il s'agit d'arpenter.

EXEMPLE I.

Soit à calculer l'étendue superficielle d'un terrain représenté par ABCDEFGHI (*Fig.* 145).

PRATIQUE. Ayant tracé les lignes IF, FD, et mené par le point D la droite DBk parallèle à FI, et par le point I la droite Ik parallèle à FD, la figure IFDk sera un rectangle ou un parallélogramme, qu'on pourra considérer comme appartenant au polygone en question ; de sorte que si on ajoute à son aire les surfaces des deux triangles saillans IHx, BCD, et qu'on diminue de la somme les triangles rentrans xGF, FED, sans avoir égard aux parties IAr et rkB, qu'on suppose équivalentes et se compenser l'une l'autre, le résultat auquel on arrivera sera, à très-peu près, la superficie du polygone proposé. De-là on peut conclure que

$$S.\ \text{ABCDEFGHI} = S.\ \text{I}k\text{DF} + S.\ (\text{IH}x + \text{BCD}) - S.\ (x\text{GF} + \text{FED}).$$

Application.

La figure IkDF étant un rectangle, supposons qu'on ait trouvé Ix = 36m, xF = 24m, IF = 60m, FD = 32m, BD = 50m, Hp = 10m, Gn = 6m, Es = 5m, Cm = 8m, on en conclura

$$S.\ \text{ABCDEFGHI} = 60 \times 32 + 36 \times 5 + 50 \times 4 - 16 \times 5 - 12 \times 6,$$

ou

$$S.\ \text{ABCDEFGHI} = 2300 - 152 = 2148^{m.q.} = 21\ ares,\ 48^{c.a.}$$

Dans ce calcul, on n'a pas fait mention des triangles ArI et rkB par la raison énoncée ci-dessus.

EXEMPLE II.

Arpenter un pré ABCDEFGH (*Fig.* 146), situé sur le bord d'une rivière sinueuse.

PRATIQUE. Formez le rectangle rFGH, en menant par le point B la droite rBF parallèle à HG, à la surface duquel vous ajouterez l'aire du triangle rectangle ArB et celle du trapèze CDEF, la somme exprimera la surface du pré en question.

Application.

Que Ar = 20m, rH = 25m, rB = 30m, BC = 10m, CF = 50m, DE = 18m, En = 16m, enfin HG = rF = 30m + 10m + 50m = 90m, on aura

$$Surf.\ \text{ABCDEFGH} = 90 \times 25 + 10 \times 30 + 16.\left(\frac{50+18}{2}\right)$$

$$= 2250 + 300 + 544 = 3094^{m.q.} = 30\ ares,\ 94.^{centiares}$$

PROBLÈME X.

236. Trouver la superficie d'une figure irrégulière qui n'est accessible que par son contour, tel qu'un bois, un étang.

SOLUTION.

Ne pouvant pénétrer dans l'intérieur, il est impossible de diviser cette figure en triangles, ou en quadrilatères; on formera donc autour d'elle un grand rectangle ou parallélogramme, de manière que les angles de celui-ci aient pour côtés quelques-uns de ceux de la figure qu'il s'agit de mesurer. Après cette opération préliminaire, que l'on fait au moyen de jalons, on calculera l'aire du rectangle, ou du parallélogramme, on en retranchera ensuite celles des parties indépendantes de la figure proposée, et la différence sera la surface cherchée.

Applications.

1.° On demande l'étendue superficielle du bois ABCDEFG (*Fig.* 147).

Opération.

Soient AB = 24^m, BK = 12^m, KD = 28^m, DE = 21^m, GF = 18^m, rn = 10^m, BC = 20^m; on trouvera

L'aire du rectangle AKEn = KE × AK = $49^m \times 36^m = 1764^{m.q.}$,

Celle du trapèze BCDK = $6.(20 + 28) = 6^m \times 48^m = 288^{m.q.}$,

Celle du triangle GFn = $18^m \times 5^m = 90^{m.q.}$;

donc

Surf. ABCDEFG = *Surf.* AKEn — *Surf.* (BCDK + GFn)

= $1764^{m.q.} - (288^{m.q.} + 90^{m.q.})$,

ou

Surf. ABCDEFG = 1764 — 378 = 1386$^{m.q.}$ = 13.^{ares}, 86.$^{c.A.}$

2.° Mesurer la grandeur de l'étang XABCDEFGH (*Fig.* 148).

Si nm = 80^m, Lp = 40^m, CD = 36^m, mr = 8^m, LF = 26^m, Es = 16^m, HG = 20^m, Ko = 6^m;

Alors, l'expression

S. XABCDEFGH = S. nmLK — S. (CDm + EFL + GHK) (*)

devient, par la substitution de ces valeurs,

S. XABCDEFGH = 80.40 — (36.4 + 26.8 + 20.3) = $3200^{m.q.} - 412^{m.q.}$;

par conséquent

Surf. XABCDEFGH = $2788^{m.q.}$ = 27^{ares}, 88.^{centiares}

Remarque. Les divers procédés que nous venons de donner pour obtenir l'aire d'un polygone irrégulier, suffisent pour montrer la manière de se conduire dans tout autre

(*) On suppose ici, comme dans l'Exemple I.er du N.° 235, que la partie AnB équivaut à HXA; c'est pourquoi on a substitué l'une à l'autre dans le calcul.

cas; mais rappelons-nous que la méthode par excellence et que nous devons préférer dans la pratique, est celle qui économise le tems, duquel il faut toujours être avare.

CHAPITRE III.

De la mesure des figures curvilignes.

PROBLÈME PREMIER.

237. Déterminer l'aire d'un cercle.

SOLUTION.

L'aire d'un cercle a pour mesure le produit de sa circonférence par la moitié de son rayon : de sorte qu'en désignant par S la surface cherchée, par R le rayon et par C la circonférence du cercle donné, on aura

$$S = \frac{1}{2} R \times C.$$

D'où il suit que connaissant le rayon, ou la circonférence d'un cercle, on peut en obtenir la surface, puisque l'une de ces parties suffit toujours pour déterminer l'autre (183 et 184).

Applications.

1.° Que R = 5m; on trouvera C = 10m × 3,1416 = 31m,416 (183), et conséquemment

$$S = 2^{m},5 \times 31^{m},416 = 78^{m.q.},54^{d.m.q.}$$

2.° Si C = 20m, on aura 2R = D = 20m × 0,3183 = 6m,366, R = 3m,183 (184),

et $$S = 1^{m},5915 \times 20^{m} = 31^{m.q.},83^{d.m.q.}$$

PROBLÈME II.

238. Mesurer la superficie d'une couronne circulaire ABCDAMPRSM (*Fig.* 32).

SOLUTIONS.

1.° Après avoir calculé, par le problème précédent, l'aire du cercle ABCDA et celle du cercle MPRSM, soustrayez l'une de l'autre, le résultat sera la surface de la couronne dont il s'agit.

2.° Multipliez sa largeur CR par la demi-somme des circonférences ABCDA et MPRSM qui lui servent de bases.

3.° Faites le produit de sa largeur par la circonférence *zxnz*. décrite à égale distance des deux bases, il exprimera encore l'aire cherchée.

Application.

Supposant $oR = 7^m$ et $oC = 3^m$; il en résultera $CR = 4^m$, $ox = oC + \frac{1}{2} CR = 3 + 2 = 5^m$, *circ.* $oR = 43^m, 9824$, *circ.* $oC = 18^m, 8496$, *circ.* $ox = 31^m, 416$, et, selon le premier moyen,

Surf. MPRSMABCDA $= S. oR - S. oC = 3^m,5 \times 43^m, 9824$
$- 1^m, 5 \times 18^m, 8496 = 153^{m.q.}, 9384 - 28^{m.q.}, 2744$
$= 125^{m.q.}, 6640 = 125^{m.q.}, 66^{d.m.q.}, 40^{c.m.q.}$;

suivant le second

Surf. MPRSMABCDA $= 4. \left(\frac{43^m, 9824 + 18^m, 8496}{2} \right)$
$= 4^m \times 31^m, 4160 = 125^{m.q.}, 6640$;

d'après le troisième,

Surf. MPRSMABCDA $= 4^m \times 31^m, 416 = 125^{m.q.}, 664$.

Remarque. On doit préférer cette dernière manière d'opérer, parce qu'elle est beaucoup moins longue que les deux autres.

PROBLÈME III.

239. Trouver la surface d'un plan elliptique.

SOLUTION.

Pour l'obtenir, multipliez le nombre 3,1416 qui représente le rapport de la circonférence au diamètre, par le produit des deux demi-axes de l'ellipse qui termine ce plan.

Soit A le demi-grand axe, B le demi-petit axe, S l'aire demandée; on aura

$$S = 3,1416 \times A . B.$$

Application.

Si A = 20 *décimètres*, B = 15 *d.m.* ; alors il vient

$$S = 3{,}1416 \times 20.15 = 3{,}1416 \times 300 = 942^{\,d.m.q.}, 48^{\,c.m.q.}$$
$$= 9^{\,m.q.}\, 42^{\,d.m.q.}\, 48.^{\,c.m.q.}$$

PROBLÈME IV.

240. Calculer l'étendue superficielle d'une couronne elliptique ABCDAEFGHE (*Fig.* 31).

SOLUTION.

Cherchez les surfaces des deux plans elliptiques ABCDA et EFGHE, puis retranchez la première de la seconde, la différence donnera l'aire demandée.

Application.

Que $oG = 8^m$, $oH = 5^m$, et $oC = 6^m$, $oD = 3^m$; on aura

Surf. ABCDAEFGHE $= 3{,}1416 \times 8.5 - 3{,}1416 \times 6.3$, ou

S. ABC*etc.* $= 3{,}1416\,(40 - 18) = 3{,}1416 \times 22 = 69^{\,m.q.}, 1152.^{\,c.m.q.}$

REMARQUE. On a multiplié le nombre 3, 1416 par la différence des produits des demi-axes, pour éviter une multiplication, et par là simplifier le calcul.

CHAPITRE IV.

De la mesure des figures mixtilignes.

PROBLÈME PREMIER.

241. Trouver l'aire d'un secteur de cercle.

SOLUTION.

Elle est égale au produit de l'arc qui lui sert de base par la moitié de son rayon.

Application.

Que le rayon AB = $6^m,25$ et l'arc BC = $13^m,09$ (*Fig.* 149); on aura

$S.\,ABC = 13^m,09 \times 3^m,125 = 40^{m.q.},90625 = 40^{m.q.}, 90^{d.m.q.} 62^{c.m.q.}$,

en abandonnant la dernière décimale.

PROBLÈME II.

242. Mesurer l'aire d'un segment AnB (*Fig.* 150).

SOLUTION.

De l'aire du secteur CAnB, retranchez celle du triangle isocèle CAB, et vous aurez pour résultat la mesure de AnB. Ainsi

Surf. AnB = *Surf.* CAnB — *Surf.* CAB.

Application.

Soit l'arc AnB = $10^m,472$, la corde AB = 10^m; on trouvera le rayon CA = 10^m, la perpendiculaire Cp (*) = $8^m,66$, et

$Surf.\ AnB = 10^m,472 \times 5 - 10^m \times 4^m.33 = 52^{m.q.},36 - 43^{m.q.},3$
$= 9^{m.q.},06^{d.m.q.}$

REMARQUE. On voit par là que pour obtenir la superficie d'un segment, si le centre du cercle auquel il appartient n'était pas connu, il faudrait d'abord le chercher, puis tirer les rayons CA, CB, afin de former le secteur CAnB et le triangle isocèle CAB correspondans au segment dont il s'agit.

Et, si l'on ne voulait point mesurer, ni calculer la perpendiculaire Cp, on pourrait alors se servir du Problème II, N.° 227, pour avoir l'aire du triangle CAB, puisque ses trois côtés sont connus.

PROBLÈME III.

243. Déterminer la surface d'un trapèze circulaire ABCD (*Fig.* 151).

(*) On obtient Cp, soit en la mesurant ou, par le calcul, en observant que le triangle rectangle CAp donne (179)

$Cp = \sqrt{\overline{AC}^2 - \overline{Ap}^2} = \sqrt{100 - 25} = \sqrt{75} = 8^m,66.^{c.m.}$

SOLUTION.

Evaluez l'aire de chacun des segmens AnD, BnC, et soustrayez le premier résultat du second, la différence sera la mesure de la portion de cercle ABCD.

Application.

Supposons l'arc BnC = 20m,944, l'arc AnD = 10m,472, la corde BC = 17m,32 et AD = 10m; la hauteur *op* sera de 8m,66, *or* * de 5m, en sorte qu'on aura (242)

S. AnD = 10m,472 × 5m — 10m × 4m,33 = 9m.q., 06d.m.q.,

S. BnC = 20m,944 × 5m — 17m,32 × 2m,5 = 61m.q., 42d.m.q.,

et conséquemment

S. ABCD = *S.* BnC — *S.* AnD = 61,42 — 9,06 = 52m.q., 36.d.m.q.

CHAPITRE V.

Observation générale sur la mesure des terrains.

244. On s'est conduit dans tout ce qui précède comme si les surfaces des terrains étaient partout unies ou des plans parfaits, c'est-à-dire, sans considérer ni les creux, ni les monticules, ni les côteaux que l'on rencontre si fréquemment. A la vérité il y a des cas où l'on ne doit point avoir égard à ces inégalités, mais il y en a d'autres où il est très-utile d'y faire attention. Par exemple, s'il s'agissait de construire une ville, ou de faire quelque plantation sur le penchant d'une colline, il ne faudrait estimer que la surface du plan horizontal qui lui sert de base, et non celle de la figure que présente la pente de cette colline, parce que

---

(*) *or* $= \sqrt{10^2 - 8,66^2} = \sqrt{100 - 74,9956} = \sqrt{100 - 75} = \sqrt{25} = 5m$ (179).

tous les édifices, les arbres, les plantes, s'élevant sur leur terrain perpendiculairement à l'horizon, on ne doit évaluer alors la surface de la colline que suivant l'étendue que les édifices ou les plantes peuvent occuper verticalement; étendue qui n'équivaut qu'à la base horizontale de la colline, car il est évidemment impossible de bâtir plus de maisons ou planter plus d'arbres sur la ligne inclinée AB (*Fig.* 152), que sur l'horizontale HB′, ou son égale AC.

Il suit de-là que les terrains destinés aux constructions ou aux plantations doivent être mesurés par le plan horizontal qui leur correspond, et qu'en les évaluant selon la surface de leur pente, on agit directement contre la raison et contre les vrais principes.

Par exemple, supposons qu'un verger en forme de rectangle ABCD (*Fig.* 153) soit tellement incliné que sa largeur AD, prise sur la pente de la montagne, égale 40*m*, celle AD′ du plan horizontal ABC′D′ correspondant, égale 34*m*,64, la longueur commune AB étant de 80*m*; en mesurant ce verger selon sa pente, son étendue superficielle sera exprimée par 80*m* × 40*m* = 3200*m.q.* = 32*ares*, tandis qu'en l'évaluant par rapport à son plan horizontal ABC′D′, comme cela doit être, on ne trouve que 80*m* × 34*m*,64 = = 2771*m.q.*,20 ou environ 27*ares*. 71*centiares* L'aire du terrain incliné ABCD surpasse donc celle de son plan horizontal correspondant ABC′D′ de 4*ares*, 29*centiares*, erreur bien trop forte sur une petite surface pour ne pas y avoir égard.

245. Pour trouver la véritable mesure d'un terrain incliné, tel que ABCD (*Fig.* 154), il est donc nécessaire de connaître la largeur AD′ du plan horizontal ABC′D′ qui lui correspond; mais ce plan s'étend sous le terrain jusqu'à la rencontre des perpendiculaires DD′, CC′, que l'on suppose abaissées des sommets les plus élevés D, C, de la figure, et on ne peut parcourir AD′, ni voir son extrémité D′; en sorte qu'il faut chercher un moyen de mesurer cette

ligne [illegible] ces deux circonstances qui paraissent si défavorables. Or, en voici un très-simple :

Que *ad* (*Fig.* [illegible]) représente la pente du terrain et *ad'* la largeur du plan horizontal correspondant qu'on veut mesurer. On placera l'extrémité C d'une grande équerre *coe* (*), dont les branches soient d'une longueur connue et disposée de manière que l'une *co*, s'appuyant sur le point *a*, se trouve dans une position verticale, pendant que l'autre *oe*, s'appuyant sur l'oblique *ad*, sera située horizontalement, ce qui peut toujours se faire en accourcissant ou en agrandissant convenablement l'une des

(*) Pour que cette équerre puisse servir dans tous les cas possibles, voici comment il faut la construire :

Sur la branche *ab* (*Fig.* 157), longue de deux mètres, on placera un niveau à bulle d'air afin de pouvoir la tenir constamment dans une position horizontale. On pratiquera dans l'autre branche *ac*, qui ne doit avoir que 2 ou 3 décimètres de longueur, une rainure propre à recevoir une règle *nr* d'une grandeur au moins égale à *ab*, divisée comme celle-ci en décimètres, et sur laquelle l'équerre pourra descendre et monter à volonté. Il est aisé de concevoir qu'à chaque fois que la branche *ab* sera dans une position horizontale, la règle *rn*, qui est assujettie à prendre la direction de la branche *ac*, se trouvera dans une situation verticale.

Cela posé, pour se servir de cet instrument, on place au point le plus bas de l'objet dont on veut avoir la largeur du plan horizontal, l'extrémité *e*; puis, maintenant toujours *ab* dans une positition horizontale, on fait descendre l'équerre le long de la règle *nr* jusqu'à ce que l'extrémité *b* touche la pente de l'objet proposé : là, on marque un point *p*, et on recommence l'opération, en partant de ce point, autant de fois qu'il est nécessaire pour arriver au sommet du terrain.

Cet instrument peut donner aussi la hauteur d'un plan incliné, ou celle d'une montagne, d'une colline, en opérant de la même manière, mais ne tenant compte que des hauteurs *ar* qu'il faut marquer à chaque station et ajouter ensuite, parce qu'elles peuvent être toutes inégales entre elles relativement à la disposition de l'objet dont on cherche la hauteur.

branches. Alors il est évident que la longueur *oe* donnera celle de *ap* qui lui répond sur *ad'*. En répétant cette opération aux divers points *e* de *ad*, jusqu'à ce qu'on arrive au point *d* le plus élevé de cette ligne, on obtiendra la longueur des parties suivantes *pn*, *nr*, *rd'*, dont la somme, avec la première *ap*, compose la largeur *ad'* du plan horizontal.

Ainsi, dans le cas actuel, en supposant qu'on ait donné 2 mètres de longueur à la branche *oe*, comme on a fait 5 opérations successives, on en conclurait $ad' = 2^m \times 5 = 10.^m$

Si le point *d* ne coïncidait pas avec l'extrémité *e* de la branche *oe* à la dernière opération, alors il faudrait ajouter au résultat donné par les opérations précédentes la partie de la branche *oe* comprise entre le sommet *o* et la division sur laquelle tombe le point *d*, pour avoir la largeur cherchée.

Par exemple, dans la figure 156, où le point *d*, à la quatrième opération, répond au trait qui partage la branche *oe* en deux parties égales, on augmenterait le résultat des trois premières opérations, c'est-à-dire $2^m \times 3$ ou 6^m, de 1^m, qui représente la moitié de *oe*, et la somme $6 + 1$, ou 7^m, exprimerait la longueur de *ad'*.

Connaissant la largeur du plan horizontal, il sera facile d'obtenir son aire, puisque sa longueur est la même que celle du terrain proposé.

Tel est le procédé qu'il faudra toujours suivre, quand il s'agira d'estimer la vraie surface d'un terrain en pente destiné à une plantation quelconque.

246. Ce qu'on vient de dire trouve son application la plus fréquente dans la vente des bois. Les acheteurs sont exposés à les payer beaucoup plus chers qu'ils ne croient, principalement le *bois taillis*, qui se vend suivant l'étendue du terrain qu'il occupe. Or, en supposant que les différentes parties de ce terrain soient également favorables aux bois,

on sent combien il est important de faire attention aux pentes, aux creux, et aux inégalités de toute espèce qu'elles renferment. Car si les Arpenteurs ont égard à ces inégalités, il est certain que les acheteurs seront trompés; puisque, à surface égale, il croîtra nécessairement plus d'arbres sur un terrain horizontal que sur un terrain incliné, ainsi qu'on l'a démontré précédemment.

247. Actuellement, il reste à examiner le cas où il importe d'avoir égard à l'inclinaison du terrain; c'est lorsqu'il s'agit de revêtir sa surface. Par exemple, si l'on voulait paver une rue ABCD (*Fig.* 153), située sur un côteau, il est bien clair qu'il faudrait mesurer son étendue suivant sa surface inclinée et non par celle du plan horizontal correspondant ABC'D'; parce que le pavé devant suivre la disposition de la rue, on doit évidemment, d'après ce qu'on a vu N.° 244, employer plus de pierres pour couvrir la surface du plan incliné ABCD que pour couvrir celle du plan horizontal ABC'D'.

Dans toutes les circonstances analogues à celle-ci, on mesurera donc l'étendue superficielle du terrain telle qu'elle se présente à nos yeux, c'est-à-dire, en considérant les creux, les pentes, et généralement toutes les inégalités quelconques; et, pour cela, on pourra diviser la surface proposée en quarrés, en parallélogrammes, ou en triangles, assez petits pour qu'il soit possible de les regarder comme des plans sans erreur sensible; on évaluera ensuite ces parties séparément, et leur somme exprimera à fort peu près la surface cherchée.

248. Tout ce que renferme ce chapitre doit toujours être présent à l'esprit de l'Arpenteur, s'il veut opérer avec discernement et ne pas tomber dans des erreurs quelquefois très-grossières.

ESSAI
DE GÉOMÉTRIE
PRATIQUE.

LIVRE IV.

Stéréométrie.

249. La *Stéréométrie* a pour but d'enseigner à mesurer les volumes des *corps* ou *solides*.

250. Le *volume* ou la *solidité* d'un corps est l'espace occupé par ce corps, ou renfermé par la surface qui lui sert d'enveloppe. Lorsqu'il s'agit d'un vase ou de tout autre corps creux, on donne à son volume le nom de *capacité*.

Le mot *solidité* s'emploie aussi particulièrement pour désigner la mesure d'un solide.

251. Deux corps sont dits *équivalens* en volume, lorsque leurs solidités sont égales.

252. *Mesurer un corps*, c'est déterminer combien il contient le volume pris pour *unité*.

L'*unité de volume* est ordinairement un *cube* ayant l'unité linéaire pour côté : on la nomme *pied cube*, *toise cube* ou *mètre cube*, selon que son côté a un *pied*, une *toise* ou un *mètre* de longueur.

253. Pour donner une idée du moyen qu'on met en usage pour obtenir la mesure des solides, proposons-nous de trouver celle d'un parallelepipède rectangle ABCDEFGH (*Fig.* 159), dont les dimensions renferment chacune un nombre de fois exact le côté *xz* du petit cube *c*, pris pour unité de volume.

Que le côté *xz* soit contenu, par exemple, 4 fois dans la longueur DC, 3 fois dans la largeur AD, 6 fois dans la hauteur DH. Par les points de division *n*, *i*, *m*, *k*, *l*, soient menées les droites *np*, *io*, *mq*, parallèles à DA, et *kr*, *ls*, parallèles à DC, elles partageront visiblement la base ABCD en 4×3 ou 12 quarrés égaux à *xnyz*, base du petit cube *c* : or, au-dessus de chacun de ces 12 quarrés, on peut placer 6 petits cubes tels que *c*, comme le montre la figure à l'égard du quarré D*ktn* ; il est donc évident que le parallélepipède entier pourra en contenir 12 fois 6, ou $12 \times 6 = 4 \times 3 \times 6 = 72$, c'est-à-dire, autant qu'il y a d'unités dans le produit des trois nombres qui représentent la grandeur de chacune des dimensions DC, DA, DH; en sorte que ce produit peut être pris pour la mesure du parallélepipède rectangle ABCDEFGH, puisqu'il exprime combien de fois ce solide contient l'unité de volume *c*.

De-là on conclut, que le *volume* ou *la solidité d'un parallélepipède rectangle est égale au produit de ses trois dimensions*, pourvu que l'on entende par là non le produit de trois lignes, mais bien celui de trois nombres représentant combien chacune contient d'unités linéaires.

Et, parce que le produit des deux premières dimensions, DE $\times$ DA, exprime la surface de la base ABCD, on dit encore, que *la solidité d'un parallélepipède rectangle est égale au produit de sa base par sa hauteur*, en concevant toujours ce produit rapporté à celui de deux nombres dont l'un représente les unités superficielles renfermées dans la base, et l'autre les unités linéaires contenues dans la hauteur.

254. Ce serait ici le lieu de faire voir comment de la détermination de la mesure du parallélepipède rectangle, on déduit les moyens d'obtenir la solidité de tout autre corps; mais, ne pouvant donner dans cet ouvrage que les notions indispensablement nécessaires à l'enchaînement et à la conception des idées, je ne m'étendrai pas d'avantage sur ce sujet qui, d'ailleurs, appartient à la Géométrie spéculative et se trouve développé convenablement dans tous les auteurs modernes qui ont traité cette Science.

CHAPITRE PREMIER.

Du calcul qui se rapporte à l'évaluation des volumes des corps.

255. Le calcul de l'évaluation du volume d'un corps quelconque, consistant toujours, comme on le verra dans la suite, à multiplier une surface par une hauteur, peut généralement se réduire à la détermination du produit de trois facteurs numériques représentant les trois dimensions d'un parallélepipède rectangle équivalent au corps dont on veut obtenir la solidité.

256. Si ces dimensions sont exprimées en mesures décimales, leur multiplication se fait à l'ordinaire, et le résultat se compose d'un nombre entier et de parties décimales de cubes ayant pour côté l'unité linéaire.

Prenons pour exemple un parallélepipède rectangle dont les dimensions soient $49^{m},54$, $15^{m},27$ et $8^{m},5$; le produit 6430,0443 de ces nombres fait voir que le parallélepipède proposé contient 6430 cubes de 1 mètre de côté, et 443 dix-millièmes d'un de ces cubes.

Les décimales que l'on vient d'énoncer ne sont rapportées qu'à l'unité principale, qui est le cube d'un mètre de côté, ou le *mètre cube* : mais si l'on veut les décomposer en parties qui soient des cubes des subdivisions du mètre, il faut remarquer que

Le *mètre cube* contient 10 × 10 × 10, ou 1000 *décim. cubes;*
Le *décimètre cube* . . . . . 10 × 10 × 10, ou 1000 *centim. cubes;*

et ainsi des autres ; que par conséquent ce sont les *millièmes* et les *millionnièmes* du mètre cube qui expriment les *décimètres cubes* et les *centimètres cubes*, et, en général, les décimales prises de 3 en 3 qui répondent à des mesures cubiques.

Le résultat 643 *m.c.*,0443 ne renfermant pas un nombre de chiffres décimaux qui soit multiple de 3, il est nécessaire d'y suppleer par des zéros, et de l'écrire ainsi :

6430 *m.c.*,044300.

De cette manière, on l'énonce, en disant :

6430 mètres cubes, 44 décimètres cubes et 300 centimètres cubes.

Remarque. Quand on s'en tient à la première énonciation, qui est plus commode que celle-ci, il faut ne pas confondre le *dixième*, le *centième*, etc. du *mètre cube*, avec le *décimètre*, le *centimètre*, etc. *cubes*. Les premiers se rapportent à des parallélépipèdes rectangles, ayant tous pour base le mètre quarré et pour hauteur 1 *décimètre*, 1 *centimètre*, etc.; les seconds ne représentent que des cubes qui ont à la vérité même hauteur que les précédens, mais dont la base n'est qu'un décimètre quarré, 1 centimètre quarré, etc. Ils ne sont donc que la centième partie des autres, et ne doivent conséquemment pas être confondus avec eux.

257. Supposons maintenant que les dimensions du parallélepipède proposé soient exprimées en mesures anciennes, et qu'on ne veuille operer que sur des nombres entiers pour obtenir sa solidité.

Dans ce cas, on convertirait chacun des facteurs numériques dans les subdivisions de la plus petite espèce qu'il y eût dans les trois, et ce produit représenterait des cubes ayant cette subdivision pour côté; des *lignes cubes*, par exemple, si les facteurs étaient convertis en *lignes*. Et, pour parvenir à des mesures plus grandes, on observerait que

Le *pouce cube* valant 12 × 12 × 12, ou 1728 *lignes cubes;*
Le *pied cube* . . . . . 12 × 12 × 12, ou 1728 *pouces cubes;*
La *toise cube* . . . . . 6 × 6 × 6, ou 216 *pieds cubes;*

en divisant le produit trouvé successivement par ces nombres, on obtiendrait les *pouces*, *pieds* et *toises cubes* qui y correspondent.

Par exemple, que le calcul de l'évaluation du volume d'un parallélepipède rectangle ait conduit à 1946904816 *lignes cubes*. Pour changer ce produit en mesures plus grandes, on fait les divisions suivantes :

1946904816 *l.c.*	1728		
2189	1126681 *po.c.*	1728	
4610	8988	652 *pi.c.*	216
11544	3481	3.e Reste.. 4 *pi.c.*	3 T.c.
11768	2.e Reste. 25 *po.c.*		
14001			
1776			
1.er Reste 48 *l.c.*			

d'où il résulte que 1946904816 *lignes cubes* équivalent à 3 *toises cubes*, 4 *pieds cubes*, 25 *pouces cubes et* 48 *lignes cubes;* ce qu'on abrége, en écrivant :

3 T.T.T. 4 P.P.P. 25 *p.p.p.* 48 *l.l.l.*

258. Cette méthode étant très-longue, plus ordinairement on laisse les facteurs sous leurs formes de nombres complexes pour opérer immédiatement sur eux. Alors, la multiplication des deux premiers facteurs donne, en toises quarrées, toises pieds, toises pouces, etc., l'aire qui doit

servir de base au volume cherché (considéré comme celui d'un parallelepipède rectangle); regardant ensuite cette aire comme la base d'un parallélepipède rectangle ayant 1 toise de hauteur, qui est conséquemment au corps cherché comme l'unité est au troisième facteur, ce dernier facteur devient un nombre abstrait qui indique combien de fois il faut répéter le parallélepipède de 1 toise de haut pour avoir la mesure du volume dont il s'agit.

Mais, il est visible que

1.° Une toise quarrée de base sur une toise de hauteur forme un cube d'une toise de côté, ou une *toise cube ;*

2.° Une toise-pied, c'est-à-dire un rectangle de 1 toise de long sur 1 pied de large, étant pris pour base d'un parallélepipède rectangle de 1 toise de hauteur, ce parallélepipède a deux arêtes contiguës de 1 toise, et peut aussi être regardé comme ayant 1 toise quarrée de base sur 1 pied de haut; on lui donne pour cette raison le nom de *toise-toise-pied*, qu'on remplace par T.T.*pi.*; il en faut 6 pour une toise cube;

3.° Une toise-pouce sur une toise de hauteur forme de même un parallélepipède de 1 toise quarrée de base sur 1 pouce de haut, qu'on nomme *toise-toise-pouce* et représente par T.T.*po.*; 12 de ceux-ci composent la toise-toise-pied;

4.° Les mêmes considérations poussées plus loin conduisent aux *toises-toises-lignes*, ou T.T.*l.*, aux *toises-toises-points*, ou T.T.*pt.*, dont il faut encore 12 de chaque espèce pour composer l'unité précédente.

Le volume du parallélepipède de 1 toise de haut, se trouve ainsi exprimé par un nombre qui se rapporte à des subdivisions assez simples, puisqu'elles ont entre elles les mêmes relations que celles de la toise linéaire; il ne s'agit donc plus que de multiplier ce nombre par la hauteur du parallélepipède proposé pour déterminer le volume de ce solide.

Cela posé, voici pour exemple un parallélepipède rectangle dont les trois dimensions sont :

65T 4*pi* 8*po*, 30T 5*pi* 7*po* et 4T 3*pi* 9.*po*

Les deux premières multiplées l'une par l'autre (223), donnent pour produit

2034T.T. 3T.*pi*. 3T.*po*. 1T.*l*. 4T.*pt*.

Or, un parallélepipède construit sur cette base et sur une toise de hauteur, contiendrait

2034T.T.T. 3T.T.*pi* 3T.T.*po*. 1T.T.*l*. 4T.T.*pt*.;

donc en multipliant ce nombre par 4T 3*pi* 9*po*, hauteur du parallélepipède proposé, on aura le volume de ce dernier.

Opération.

	2034T.T.T.	3T.T.*pi*	3T.T.*po*	1T.T.*l*	4T.T.*pt*.
	4T	3*pi*.	9*po*.		
Produit des 4T. . . .	8138T.T.T.	1T.T.*pi*	0T.T.*po*	5T.T.*l*	4T.T.*pt*.
Pour 3*pi*	1017	1	7	6	8
÷*pi*	339	0	6	6	$2\frac{2}{3}$
Pour 6*po*	169	3	3	3	$1\frac{1}{3}$
3*po*	84	4	7	7	$6\frac{2}{3}$
Produit total, ou solidité du parallélepipède.	9409T.T.T.	4T.T.*pi*	6T.T.*po*	10T.T.*l*	8T.T.*pt*.

Remarque. Dans la pratique, on a rarement besoin de pousser les calculs jusqu'aux dernières subdivisions, comme on l'a fait ci-dessus, parce que leur valeur est presque nulle ; et quand il ne s'agit que de déterminer le prix d'un ouvrage, la forme de ces subdivisions est la plus commode :

cependant on les réduit quelquefois en mesures cubiques, et pour cela, on observe que

La *toise-cube* contenant 216 *pieds cubes*,

La *toise-toise-pied* doit en renfermer $\frac{216}{6}$, ou 36,

La *toise-toise-pouce* . . . . $\frac{36}{12}$, ou 3,

La *toise-toise-ligne* . . . . $\frac{3}{12} = \frac{1}{4}$, ou 432 *pouces cubes*,

(puisque le pied cube comprend 1728 pouces cubes),

La *toise-toise-point* . . . . $\frac{1}{4 \cdot 12} = \frac{1}{48}$, ou 36 *pouces cubes*.

En conséquence, on multiplie respectivement par 36, 3, $\frac{1}{4}$, 36, les divers nombres des subdivisions indiquées dans le résultat, avec l'attention de multiplier par 432 le reste des *toises-toises-lignes*, si la division par 4 en laissait un, de compter le produit pour des pouces cubes, et de l'ajouter à ce que donneront les *toises-toises-points*.

Appliquant ce procédé au nombre trouvé plus haut, il devient

9409 *toises cubes*, 164 *pieds cubes*, 1152 *pouces cubes*.

Suit le dispositif du calcul :

9409 T.T.T.	4 T.T.*pi.*	6 T.T.*po.*	10 T.T.*l.*	8 T.T.*pt.*
	36	3	$\frac{1}{4}$	36
9409 T.T.T.	144 P.P.P.	0	0	288 *p.p.p.*
	20			864

Résultat : 9409 T.T.T. 164 P.P.P. 1152 *p.p.p.*

259. Les deux numéros précédens renferment toutes les opérations que l'on comprenait autrefois dans le calcul de l'évaluation des volumes, et qu'on appelait *Toisé des solides*, à cause de la *toise* qui servait d'unité linéaire. Mais, pour donner une idée complète du Toisé en général, il reste à parler encore du *Toisé des bois*.

260. L'usage des charpentiers était de mesurer les bois, non à la toise cube, mais à la *solive*, qu'ils établissaient de 6 pouces d'*équarrissage* sur 12 pieds de longueur, c'est-à-dire formant un parallélepipède rectangle, dont la base était un quarré de 6 pouces de côté, et la hauteur 12 pieds. Cette base ayant $\frac{1}{2}$ pied de côté, contient $\frac{1}{4}$ de pied quarré; et en multipliant par la hauteur 12, on trouve 3 pieds cubes pour le volume de la solive. Ce volume, pris pour unité, était divisé en 6 parties égales appelées *pieds de solive*, dont chacune valait par conséquent $\frac{1}{2}$ pied cube, ou 864 pouces cubes. Le pied de solive se divisait encore en 12 parties appelées *pouces de solive*, et contenant conséquemment chacune 72 pouces cubes; le pouce de solive en 12 *lignes de solive*, renfermant chacune 6 pouces cubes; et ainsi de suite.

On voit par là que les divisions de la solive suivaient la même loi que celles de la toise cube en toises-toises-pieds, etc; et la solive entière étant de 3 pieds cubes, se trouve précisément la 72.e partie de la toise cube; de même le pied de solive est la 72.e partie de la T.T.*pied*; et ainsi des autres. On peut donc, en le multipliant par 72, convertir un nombre de toises cubes, toises-toises-pieds, etc., en solives et parties de solive; par ce moyen, le *toisé des bois* rentrait dans les règles du toisé général à trois dimensions.

Chaque fois qu'une des dimensions de la pièce de bois à mesurer est exprimée en *pouces*, ou susceptible d'y être réduite, ce qui arrive très-souvent, on peut, pour éviter la multiplication par 72, considérer cette dimension comme représentant des toises, et prendre les diverses unités du produit pour des *solives*, *pieds de solive*, etc. Car, si d'un côté, en mettant l'une des dimensions exprimée en pouces au rang des toises, on rend un des facteurs et conséquemment le produit 72 fois plus grand; de l'autre ce même produit devient 72 fois plus petit, en ne comptant ses *toises cubes*, ses *toises-toises-pieds*, etc., respectivement que pour des *solives*, des *pieds de solive*, etc.

Voulant, par exemple, évaluer en *solives* une pièce de bois de $5^{T}\ 4^{P}\ 8^{po}$ de long, sur $1^{pi}\ 6^{po}$ de large et $1^{pi}\ 3^{po}$ d'épaisseur : on multiplie d'abord les deux premières dimensions entre elles, ce qui donne $1^{T.T.}\ 2^{T.pi}\ 7^{T.po}$; ensuite on réduit le facteur $1^{pi}\ 3^{po}$ en 15^{po}, que l'on considère comme 15 *toises* par lesquelles on multiplie le produit $1^{T.T.}\ 2^{T.pi.}\ 7^{T.po}$, d'où résulte alors $21^{T.T.T.}\ 2^{T.T.pi.}\ 9^{T.T.po.}$ qu'il faut regarder comme $21^{solives}\ 2^{pi.S.}\ 9^{po.S}$; en sorte que la pièce de bois proposée contient 21 *solives*, 2 *pieds et* 9 *pouces de solive*.

Enfin, le bois de chauffage se mesure en le rangeant dans un châssis ou *membrure*; et le tas prend la forme d'un parallélepipède rectangle qui a pour base l'aire de cette membrure, et pour hauteur la longueur des bûches. La membrure qui déterminait l'ancienne *corde*, avait 8 pieds de long sur 4 de haut, et par conséquent 32 pieds quarrés de surface. La longueur des bûches étant de 4 pieds, la corde de bois contenait $32^{P.P.} \times 4^{P.}$, ou 128 pieds cubes; et comme la mesure actuelle, ou le *stère*, vaut à peu près $29^{P.C.},174$, il est facile, en divisant ces deux nombres l'un par l'autre, d'obtenir le rapport de l'ancienne à la nouvelle mesure.

Remarque. Ce serait encore ici le lieu de montrer les grands avantages du nouveau système métrique sur l'ancien, en faisant remarquer la différence des méthodes qui résultent de l'emploi des mesures de l'un et de l'autre systèmes dans l'évaluation des solides; mais comme j'ai déjà eu plusieurs fois l'occasion de faire sentir la supériorité des nouvelles mesures, et que tout être judicieux ne peut balancer un instant à leur donner la préférence, il devient inutile d'en parler davantage.

CHAPITRE II.

De la mesure des polyèdres.

PROBLÈME PREMIER.

261. Trouver la solidité d'un parallélepipède quelconque.

SOLUTION.

Calculez la surface de la base et multipliez son expression par la hauteur du parallélepipède proposé, le produit sera la solidité de ce corps.

Application.

Soit la base ABCD $= 48^{m.q.}$ (*Fig.* 36), la hauteur E$p = 9^{m}$, on aura

$$\textit{Solidité } ABCDEFGH = 48^{m.q.} \times 9^{m} = 432^{m.c.}$$

REMARQUE. Si le parallélepipède était rectangle, on pourrait prendre pour la mesure de son volume *le produit de ses trois dimensions* (253); et si de plus toutes les faces sont des quarrés, le solide devient un *cube*, comme la figure 40, et son volume s'obtient alors en faisant le cube d'un quelconque de ses côtés, c'est-à-dire que

$$\text{Sol. } abcdefgh = ab \times ab \times ab = \overline{ab}^3.$$

Si donc $ab = 8^{m}$, il en résultera

$$\text{Sol. } abcdefgh = 8^3 = 8.8.8 = 512^{m.c.}$$

PROBLÈME II.

262. Mesurer le volume d'un prisme.

SOLUTION.

Tout prisme triangulaire ou polygonal a pour mesure le produit de sa base par sa hauteur.

Application.

Qu'on ait trouvé la surface de la base A'B'C'D'E' (*Fig.* 35) de 60 m.q. et la hauteur B*p* de 15^m; il faudra multiplier 60 m.q. par 15^m, ce qui donnera

$$Sol.\ A'B'C'D'E'ABCDE = 900\,m.c.$$

PROBLÈME III.

263. Déterminer la solidité d'une pyramide.

SOLUTION.

Cherchez l'aire de sa base et multipliez-en le tiers par la hauteur du solide, le produit représentera son volume.

Application.

Pour la pyramide SABCDE (*Fig.* 33), supposons la base ABCDE de 54 m.q. et la hauteur SP de 12^m; nous aurons

$$Sol.\ SABCDE = \frac{54\,m.q.}{3} \times 12^m = 18\,m.q. \times 12^m = 216\,m.c.$$

PROBLÈME IV.

264. Mesurer un tronc de pyramide à bases parallèles.

SOLUTION.

Calculez les surfaces des deux bases, puis une moyenne proportionnelle entre elles; ajoutez ces trois résultats et multipliez leur somme par le tiers de la hauteur du tronc, le produit qu'on obtiendra en sera la solidité.

En général, soient b la base inférieure, b' la base supérieure et h la hauteur du tronc ABCDEFGH (*Fig.* 160); on aura

$$Sol.\ ABCDEFGH = (b + b' + \sqrt{b.b'}) \times \frac{1}{3}\,h.$$

Application.

Que b = ABCD = 45 m.q., b' = EFGH = 20 m.q. et h = E*p* = 12^m; on trouvera $\sqrt{b.b'} = \sqrt{45.20} = \sqrt{900} = 30\,m.q.$, $\frac{1}{3}\,h = 4^m$, et conséquemment

$$Sol.\ ABCDEFGH = (45 + 20 + 30).4 = 95\,m.q. \times 4^m = 380\,m.c.$$

PROBLÈME V.

265. Trouver la mesure d'un tronc de prisme triangulaire.

SOLUTION.

Déterminez les hauteurs de ses trois sommets supérieurs et multipliez par leur somme le tiers de la surface de sa base inférieure, le résultat exprimera la mesure cherchée.

Si le tronc proposé résulte d'un prisme droit, comme ABCDEF (*Fig.* 161), les arêtes AF, BE, CD, sont en même tems les hauteurs des trois sommets F, E, D; s'il provient d'un prisme oblique, comme A'B'C'D'E'F' (*Fig.* 162), alors ce sont les perpendiculaires $F'p$, $E'n$ et $D'o$ qui représentent les hauteurs dont il s'agit. Dans le premier cas, on a donc

$$Sol.\ ABCDEF = \frac{1}{3}\ ABC \times (AF + BE + CD);$$

dans le second,

$$Sol.\ A'B'C'D'E'F' = \frac{1}{3}\ A'B'C' \times (F'p + E'n + D'o).$$

Application.

Soit l'aire du triangle $A'B'C' = 27^{m.q.}$, $F'p = 12^{m}$, $E'n = 10^{m}$, $D'o = 8^{m}$; on aura

$$Sol.\ A'B'C'D'E'F' = 9^{m.q.} \times (12 + 10 + 8) = 9^{m.q.} \times 30^{m} = 270^{m.c.}$$

REMARQUE. Dans le tronc A'B'C'D'E'F', on pourrait imaginer un plan *zns* perpendiculaire à F'A', E'B' ou D'C', et le tiers du triangle *zns* multiplié par la somme des trois arêtes donnerait encore la mesure de ce solide.

PROBLÈME V.

266. Mesurer un prisme poligonal tronqué.

SOLUTION.

Décomposez-le en troncs de prismes triangulaires et cherchez le volume de chacun d'eux, leur somme exprimera celui du tronc proposé.

Application.

Soit le tronc ABCDEFGH (*Fig.* 163), dont les arêtes AH, BE, CF, DG, sont perpendiculaires à la base ABCD: en imaginant un plan GDBE, conduit suivant les arêtes opposées DG, BE, il décomposera le solide en deux prismes triangulaires tronqués ABDHEG et DBCGEF; mais, en vertu du problème précédent,

$$\textit{Sol.}\ \mathrm{ABDHEG} = \frac{1}{3}.\ \mathrm{ABD} \times (\mathrm{AH} + \mathrm{BE} + \mathrm{DG}),$$

et

$$\textit{Sol.}\ \mathrm{DBCGEF} = \frac{1}{3}\ \mathrm{DBC} \times (\mathrm{DG} + \mathrm{BE} + \mathrm{CF});$$

par conséquent leur somme *Sol.* ABDHEG + *Sol.* DBCGEF ou

$$\textit{Sol.}\ \mathrm{ABCDHEFG} = \frac{1}{3}\ \mathrm{ABD}.(\mathrm{AH} + \mathrm{BE} + \mathrm{DG}) + \frac{1}{3}\ \mathrm{DBC}.(\mathrm{DG} + \mathrm{BE} + \mathrm{CF}).$$

Si donc ABD $= 36^{m.q.}$, DBC $= 24^{m.q.}$, AH $= 20^{m}$, BE $= 15^{m}$, CF $= 16^{m}$, DG $= 18^{m}$; alors on trouvera

$$\textit{Sol.}\ \mathrm{ABCDEFG} = 12\cdot(20 + 15 + 18) + 8\cdot(18 + 15 + 16)$$
$$= 12\cdot 53 + 8\cdot 49 = 636 + 392 = 1028.^{m.c.}$$

Remarque. Lorsque la base ABCD est un parallélogramme quelconque, les deux triangles ABD, DBC, sont égaux, et l'expression ci-dessus devient

$$\textit{Sol.}\ \mathrm{ABCDEFG} = \frac{1}{3}\ \mathrm{ABD}.(\mathrm{AH} + \mathrm{BE} + \mathrm{DG}) + \frac{1}{3}\ \mathrm{ABD}.(\mathrm{DG} + \mathrm{BE} + \mathrm{CF}),$$

ou plus simplement

$$\textit{Sol.}\ \mathrm{AF} = \frac{1}{3}\ \mathrm{ABD}\cdot(\mathrm{AH} + 2\mathrm{BE} + 2\mathrm{DG} + \mathrm{CF});$$

de sorte que si ABD valait $30^{m.q.}$, les hauteurs des sommets supérieurs restant les mêmes que précédemment, on aurait

$$\textit{Sol.}\ \mathrm{AF} = 10^{m.q.} \times (20 + 30 + 36 + 16) = 10^{m.q.} \times 120^{m} = 1020^{m.c.}$$

PROBLÈME VII.

267. Déterminer la mesure du volume d'un ponton ABCDA'B'C'D' (*Fig.* 165).

SOLUTION.

Si l'on conçoit que cette espèce de bateau, dont les figures 164 et 165 représentent respectivement le plan et la perspective, soit coupé perpendiculairement à sa longueur et au milieu, le volume de chaque moitié $abcd$ABCD, $adcd$A'B'C'D', sera un assemblage de deux prismes triangulaires tronqués qui auront pour expression de leur mesure

$$\frac{1}{3}\ abc.(2a\text{A}+c\text{C})+\frac{1}{3}\ adc.(2c\text{C}+a\text{A}),$$

parce que $a\text{A} = b\text{B}$ et $c\text{C} = d\text{D}$; mais le volume du ponton entier équivaut évidemment au double de cette mesure; par conséquent

$$Sol.\ \text{ABCDA}'\text{B}'\text{C}'\text{D}' = \frac{1}{3}\ abc.(4a\text{A}+2c\text{C})+\frac{1}{3}\ adc.(4c\text{C}+2a\text{A}),$$

ou

$$Sol.\ \text{ABCDA}'\text{B}'\text{C}'\text{D}' = \frac{1}{3}\ abc.(2\text{AA}'+\text{CC}')+\frac{1}{3}\ adc.(2\text{CC}'+\text{AA}'),$$

en remarquant que $2a\text{A} = \text{AA}'$ et $2c\text{C} = \text{CC}'$.

Application.

Qu'on ait la plus grande largeur AB ou $ab = 1^m,5$, la plus petite CD ou $cd = 1^m,2$, la profondeur du ponton $= 0^m,8$ (*), la plus grande longueur $\text{AA}' = 6^m$, et la plus petite $\text{CC}' = 4^m,2$.

La substitution de ces valeurs donnera

$$Sol.\ \text{ABCDA}'\text{B}'\text{C}'\text{D}' = \frac{1,5\times0,4}{3}\times(12+4,2)+\frac{1,2\times0,4}{3}\times(8,4+6)$$

$$= 0,5\times0,4\times16,2+0,4\times0,4\times14,4 = 0,20\times16,2+0,16\times14,4$$

$$= 3,240+2,304 = 5^{m.c.},544^{d.m.c.};$$

c'est-à-dire que le volume du ponton en question est de 5 mètres cubes 544 décimètres cubes.

(*) ab et cd sont les bases des triangles abc et adc qui ont pour hauteur commune la profondeur du ponton; de sorte que $abc = 1^m,5\times0^m,4$ et $adc = 1^m,2\times0^m,4$.

PROBLEME VIII.

[illegible]. Mesurer le revêtement (*) d'une place de guerre (*Fig.* 166).

SOLUTION.

On sait que les murailles des places de guerre ont un talus, c'est-à-dire qu'elles sont plus épaisses en bas qu'en haut; voilà en quoi consiste la difficulté de les mesurer. Or pour parvenir à trouver le volume de celle dont il s'agit, on pourra se conduire de la manière suivante.

D'abord, on calculera l'aire des trois trapèzes AHGB, BGFC, CFED, en multipliant leurs longueurs moyennes de, eg, gh, prises ensemble, ou $de + eg + gh = degh$, par la hauteur commune ac; on multipliera ensuite le produit trouvé par la hauteur HI, ce qui donnera $degh.ac \times \mathrm{HI}$ pour le volume d'une muraille sans talus ABCDEFGHIQPO$zxtp$, dont la base inférieure est composée de trois trapèzes IptQ, QtxP, PxzO, respectivement égaux à leurs correspondans de la base supérieure ABCDEFGH.

Maintenant, si l'on considère que le talus ABCD$zxtp$KLMN, qui reste à mesurer, est formé de trois prismes triangulaires tronqués ApKBtL, BtLCxM, CxMDzN, ayant pour base commune la section rns, faite par un plan perpendiculaire aux arêtes de l'un d'eux, on obtiendra leur volume total en multipliant le tiers du triangle rns par la somme des trois longueurs ABCD, $ptxz$, KLMN, qui représentent les hauteurs de leurs sommets au-dessus du plan de chaque base perpendiculaire; de sorte qu'en ajoutant ce nouveau produit $\frac{1}{3}\, rns.(\mathrm{ABCD} + ptxz + \mathrm{KLMN})$, à celui qui exprime le volume de la muraille sans talus, on aura

---

(*) On nomme revêtement une muraille de pierres ou de briques qui sert à soutenir le rempart et le parapet du côté de la campagne.

évidemment pour somme la mesure du revêtement entier. Donc

Sol. ABCDEF etc. $= degh.ac.\text{HI} + \frac{1}{3}\, rns.(\text{ABCD} + ptxz + \text{KLMN})$,

ou simplement

Sol. ABCDEFG etc. $= degh.\,ac \times \text{HI} + \frac{1}{3}\, rns.(2\text{ABCD} + \text{KLMN})$,

parce que la ligne $ptxz = \text{ABCD}$.

Application.

Soit $degh = 20^m$, $ac = 2^m$, $\text{HI} = 6^m$, *Surf.* $rns = ns \times \frac{1}{2}\, rn = 1^m \times 3^m = 3^{m.q.}$, $\text{ABCD} = 20^m,5$, $\text{KLMN} = 21^m$; on trouvera

Sol. ABCDEFGHIQPONMLK $= 20^m.2^m.6^m + 1^{m.q.} \times (41^m + 21^m)$
$= 240^{m.c.} + 62^{m.c.} = 302^{m.c.}$

PROBLÈME IX.

269. Déterminer le volume d'un polyèdre régulier.

SOLUTION.

Pour obtenir la solidité de tout polyèdre régulier, il suffit de multiplier sa surface totale par le tiers de son apothême.

Application.

Soit proposé le cube du N.° 261 : son côté AB valant 8^m, sa surface totale sera de $64^{m.q.} \times 6 = 384^{m.q.}$ (2, 6-Rem. II) et son apothême de 4^m; ensorte que

Sol. ABCDEFGH $= 384^{m.q.} \times \frac{4^m}{3} = 128^{m.q.} \times 4^m = 512^{m.c.}$,

résultat conforme à celui du numéro cité.

PROBLÈME X.

270. Trouver la solidité d'un polyèdre convexe (*) irrégulier.

(*) On appelle *polyèdre convexe* celui dont tous les angles sont saillans, ou dont la surface ne peut être rencontrée par une ligne droite en plus de deux points.

SOLUTION.

Décomposez le solide en autant de pyramides qu'il est possible, en faisant passer les plans de division par un même sommet qui servira de sommet commun à toutes les pyramides ; évaluez ensuite le volume de chacune, réunissez tous les résultats, et la somme exprimera la solidité du polyèdre proposé.

Par exemple, voulant obtenir le volume du polyèdre SABCDEF (*Fig.* 167), on fera passer par le même sommet S, les plans SAF, SBC, SCF, SCD, SDE, SEF, SAF, qui partageront le solide en trois pyramides SABCF, SCDEF et SFEA ; de manière qu'on aura

Sol. SABCDEF = *Sol.* (SABCF + SCDEF + SFEA).

Mesurant la hauteur et la base de chacune de ces pyramides, il sera facile de trouver leurs solidités et par conséquent celle du corps SABCDEF.

Remarque. Si le polyèdre avait des angles rentrans et saillans, on le décomposerait en polyèdres convexes, on chercherait les volumes de ceux-ci et leur somme donnerait évidemment la mesure du polyèdre en question.

CHAPITRE III.

De la mesure des surfaces des polyèdres.

PROBLÈME PREMIER.

271. Trouver la surface convexe d'un parallélepipède.

SOLUTIONS.

1.° S'il est rectangle, la surface cherchée aura pour mesure le périmètre de la base du solide multiplié par sa hauteur.

Ainsi, pour la figure 159, on a

$$Surf.\ convexe\ ABCDEFGH = (AB + BC + CD + DA) \times DH$$
$$= (2AB + 2BC) \times DH.$$

Application.

$$AB = 4^m,\ BC = 3^m,\ DH = 6^m;$$

donc

$$Surf.\ conv.\ ABCDEFGH = (8+6) \times 6 = 14^m \times 6^m = 84^{m.q.}$$

2.° Si le parallélepipède n'est pas rectangle, calculez séparément les aires de deux faces latérales adjacentes, ajoutez les produits et doublez la somme, il en résultera la surface convexe demandée.

PROBLÈME II.

272. Mesurer la surface convexe d'un prisme.

SOLUTIONS.

1.° Si le prisme est droit, sa surface convexe sera égale au produit du périmètre de sa base par sa hauteur.

2.° S'il est oblique, cherchez l'aire de chacun des parallélogrammes qui composent cette surface et faites-en la somme.

PROBLÈME III.

273. Déterminer la mesure de la surface convexe d'un prisme tronqué.

SOLUTION.

Elle équivaut à la somme des surfaces de tous les trapèzes latéraux qui la composent.

PROBLÈME IV.

274. Mesurer la surface convexe d'une pyramide.

SOLUTIONS.

1.° Si la pyramide est régulière, on aura sa surface convexe en multipliant le contour de sa base par la moitié de son apothême.

Par exemple, pour celle de la figure 34, on a

$$(AB+BC+CD+DA)\times\frac{1}{2}Sn,\ \text{ou}\ 4AB\times\frac{1}{2}Sn,\ \text{ou}\ 2AB\times Sn.$$

Et si

$$AB = 24^m,\ Sn = 30m,$$

alors

$$Surf.\ conv.\ SABCD = 2.24.30 = 48.30 = 1440m.q.$$

2.° Lorsque la pyramide est irrégulière, sa surface convexe équivaut à l'aire de tous les triangles latéraux qui la forment.

Par conséquent (*Fig.* 168),

$$Surf.\ conv.\ SABC = AB\times\frac{1}{2}Sp + BC\times\frac{1}{2}Sr + CA\times\frac{1}{2}Sn.$$

Application.

Que $AB = 10m$, $BC = 12m$, $CA = 20m$, $Sp = 30m$, $Sr = 24m$, $Sn = 22m$; on aura

$$S.\ conv.\ SABC = 10.15 + 12.12 + 20.11 = 150 + 144 + 220 = 514^{m.q.}$$

PROBLÈME V.

275. Évaluer la surface convexe d'un tronc de pyramide.

SOLUTION.

Généralement, elle a pour mesure la somme de toutes les surfaces des trapèzes qui entourent ce solide.

PROBLÈME VI.

276. Trouver la mesure de la surface totale d'un polyèdre quelconque.

SOLUTION.

Cherchez l'aire de chacune des faces qui forment ensemble l'enveloppe du polyèdre proposé, leur somme donnera sa surface totale.

REMARQUE I. Si le polyèdre était un de ceux compris dans les problèmes précédens, il suffirait d'ajouter à sa surface convexe les aires de ses bases inférieure et supérieure, ou seulement celle de sa base dans le cas de la pyramide.

REMARQUE II. Si le polyèdre est régulier, sa surface totale s'obtient en mesurant l'aire d'une de ses faces et répétant le résultat autant de fois que la surface cherchée en contient.

Dans le tétraèdre SABC (*Fig.* 39), par exemple, on mesure la surface du triangle SAB, qu'on répète ensuite 4 fois ; dans le cube *abcdefgh* (*Fig.* 40), on calcule l'aire du quarré *abcd*, puis on la multiplie par 6 ; et ainsi des autres.

CHAPITRE IV.

De l'évaluation des surfaces et des volumes des trois corps ronds.

PROBLÈME PREMIER.

277. Déterminer la mesure des surfaces du cylindre, du cône et de la sphère.

SOLUTIONS.

1.° La surface convexe d'un cylindre Bn' (*Fig.* 41), a pour mesure le produit de la circonférence de sa base par sa hauteur. Ainsi,

$$\textit{Surf. conv. } BmnsAm'n's' = \textit{circ. } CB \times AB = p^{*} \cdot Bn \times AB.$$

Que $Bn = 8^m$ et $AB = 10^m$; comme $p = 3,1416$, on aura

$$\textit{Surf. conv. } BmnsAm'n's' = 3,1416 \times 8 \times 10 = 31,416 \times 8$$
$$= 251^{m.q.},328 = 251^{m.q.},33^{d.m.q.}$$

REMARQUE. Si l'on voulait obtenir la surface totale, il suffirait d'ajouter à la précédente celles des bases inférieure et supérieure du cylindre, ou le double de l'une des deux.

(*) Dans tout ce qui va suivre, p représente le rapport approché de la circonférence au diamètre et équivaut à l'expression numérique 3,1416.

Pour le cylindre dont il s'agit, on a donc

$$Surf.\ totale\ Bd' = 251^{m.q.},33 + 2\cdot 50^{m.q.},2656 = 251^{m.q.},33 + 100^{m.q.},5312 = 351^{m.q.},86^{d.m.q.}$$

2.° La surface convexe d'un cône (*Fig.* 45) a pour mesure le produit de la circonférence de sa base par la moitié de son apothême.

Par conséquent,

$$Surf.\ conv.\ SANBM = circ.\ CA \times \frac{1}{2}\ SA = p\cdot AB \times \frac{1}{2}\ SA.$$

Et, en supposant AB $= 10^m$, SA $= 20^m$, il vient

$$Surf.\ conv.\ SANBM = 3,1416.10 \times 10 = 3,1416 \times 100 = 314^{m.q.},16.$$

Remarque. Pour avoir la surface totale, il faut ajouter à la surface convexe l'aire de la base du cône. C'est pourquoi

$$Surf.\ totale\ SANBM = 314,16 + 3,1416.10 \times 2,5 = 314,16 + 78,54 = 392^{m.q.},70^{d.m.q.}$$

3.° La surface de la sphère (*Fig.* 46) est égale à son diamètre multiplié par la circonférence d'un grand cercle.

Soit le diamètre AB $= 20^m$; la circonférence de son grand cercle sera $3,1416\cdot 20 = 62^m,832$, et on aura

$$S.\ sph.\ AMBNXO = AB \times circ.\ CA = 20^m \times 62^m,832 = 1256^{m.q.},64.$$

PROBLÈME II.

278. Mesurer le volume de chaque corps rond.

SOLUTIONS.

1.° La solidité d'un cylindre est égale à l'aire de sa base multipliée par sa hauteur.

De sorte qu'en prenant les mêmes données que dans le problème précédent, on trouvera

$$Sol.\ cyl.\ Bd' = Surf.\ BmnsB \times AB = 50^{m.q.},2656 \times 10^m = 502^{m.c.},656^{d.m.c.}$$

2.° Le volume d'un cône équivaut au produit de la surface de sa base par le tiers de sa hauteur.

Ainsi,

$$Sol.\ cône\ \text{SANBM} = Surf.\ \text{ANBMA} \times \frac{1}{3}\ \text{SC}^{*} = 78^{m.q.},54 \times 6^{m},455$$
$$= 506^{m.c.},976^{d.m.c.}$$

3.° Le volume d'une sphère a pour mesure le produit de sa surface par le tiers de son rayon.

Par exemple,

$$Sol.\ sph.\ \text{AMBNXO} = Surf.\ \text{AMBNXO} \times \frac{1}{3}\ \text{CA}$$
$$= 1256^{m.q.},64 \times 3^{m},33 = 4188^{m.c.},381^{d.m.c.}$$

CHAPITRE V.

Des mesures propres aux surfaces et aux volumes des différentes parties du Cône et de la Sphère.

PROBLÈME PREMIER.

279. Trouver la mesure de la surface convexe d'un cône tronqué.

SOLUTION.

Elle est égale au côté du tronc multiplié par la demi-somme des circonférences de ses deux bases.

Soit le tronc de cône ABCDEFGH (*Fig.* 169), on aura

$$Surf.\ conv.\ \text{ABCDEFGH} = \text{AE} \times \frac{1}{2}(circ.\ \text{NG} + circ.\ \text{OC})$$

$$= \text{AE} \times \frac{1}{2}(p.2\text{NG} + p.2\text{OC}) = \text{AE}.p\,(\text{NG} + \text{OC}).$$

Puis, en supposant $\text{AE} = 8m$, $\text{NG} = 3m$, $\text{OC} = 2m$, il vient

$$Surf.\ conv.\ \text{ABCDEFGH} = 8.3,1416\,(3+2) = 8.3,1416.5$$
$$= 3,1416 \times 40 = 125^{m.q.}.6640.$$

(*) Dans le cas actuel, $\text{SC} = \sqrt{\overline{\text{SA}}^2 - \overline{\text{AC}}^2} = \sqrt{20^2 - 5^2}$ $= \sqrt{400 - 25} = \sqrt{375} = 19^m,365$; conséquemment $\frac{1}{3}\ \text{SC} = 6^m,455$.

REMARQUE. Si l'on voulait connaître la surface totale du tronc, on augmenterait celle qu'on vient d'obtenir de la valeur superficielle de ses deux bases. Ainsi

Surf. tot. ABCDEFGH — *Surf. conv.* ABCDEFGH + *Surf.* (EFGH + ABCD); ou

Surf. tot. ABCDEFGH = $125^{m.q.},694 + 3,1416.6 \times 1,5 + 3,1416.4 \times 1$

$= 125,694 + 28,274 + 12,566 = 166,534 = 166^{m.q.},50^{d.m.q.}$

PROBLÈME II.

280. Évaluer le volume d'un cône tronqué.

SOLUTION.

Ce volume a pour expression de sa mesure le tiers du produit de trois facteurs, qui sont : le rapport approché de la circonférence au diamètre, la hauteur du tronc et la somme des quarrés des rayons des deux bases augmentée du rectangle de ces mêmes rayons. On a donc généralement

Sol. du tronc de cône ABCDEFGH $= \frac{1}{3} p.\text{ON}.(\overline{\text{NG}}^2 + \overline{\text{OC}}^2 + \text{NG} \times \text{OC})$.

Application.

Que NG = $3m$, OC = $2m$, AE = $8m$; la hauteur ON vaudra $7^m,937$ *, et par la substitution de ces valeurs dans l'expression ci-dessus, on trouvera

Sol. ABCDEFGH $= \frac{1}{3} \times 3,1416.7^{m},937.(9^{m.q.} + 4^{m.q.} + 6^{m.q.})$

$= \frac{1}{3} \times 24^{m},9346792.19^{m.q.} = 157^{m.c.},920,006 = 157^{m.c.},921^{d.m.c.}$

PROBLÈME III.

281. Mesurer la surface d'un fuseau.

SOLUTION.

Déterminez la grandeur d'un de ses angles (189), en prenant l'angle droit pour unité, et doublez le résultat ; les unités du produit exprimeront combien de fois le fuseau

---

(*) En effet, $\text{ON} = \text{C}p = \sqrt{\overline{\text{CG}}^2 - \overline{\text{G}p}^2} = \sqrt{\overline{\text{CG}}^2 - (\text{NG} - \text{OC})^2}$
$= \sqrt{8^2 - 1^2} = \sqrt{64 - 1} = \sqrt{63} = 7^m,937^{m.m.}$

proposé contient de triangles tri-rectangles (109), ou la surface du fuseau.

Application.

Que l'angle NAs du fuseau ANBsA (*Fig.* 46), égale $\frac{3}{2}$ angles droits, on aura

$$Surf.\ \text{ANB}s\text{A} = \frac{3}{2} \times 2 = 3\ \textit{triangles tri-rectangles},$$

c'est-à-dire, les $\frac{3}{8}$.es de la surface de la sphère dont il fait partie. En sorte que si, par exemple, cette dernière surface avait pour mesure 24 décimètres quarrés, le fuseau ANBsA en contiendrait les $\frac{3}{8}$ de 24, ou 9, et sa surface serait alors de 9 *décimètres quarrés.*

PROBLÈME IV.

282. Mesurer l'aire d'un polygone sphérique.

SOLUTION.

Faites la somme des angles du polygone et soustrayez-en 2 angles droits répétés autant de fois qu'il y a de côtés moins deux dans le polygone, c'est-à-dire, 2 s'il est un triangle, 2.2 ou 4 s'il a 4 côtés, 2.3 ou 6 s'il en a 5, etc.; la différence exprimera le nombre des triangles tri-rectangles renfermés dans le polygone proposé, et conséquemment la surface de ce polygone.

Application.

Pour le quadrilatère sphérique ABDE (*Fig.* 48), dans lequel on suppose les angles A, B, D, E, respectivement de $\frac{2}{3}$, $\frac{7}{4}$, $\frac{5}{6}$ et $\frac{3}{2}$ angles droits, on a

$$Surf.\ \text{ABDE} = \left(\frac{2}{3} + \frac{7}{4} + \frac{5}{6} + \frac{3}{2}\right) - 4 = \frac{57}{12} - 4 = \frac{9}{12}$$

$$= \frac{3}{4}\ \textit{de triangle tri-rectangle.}$$

Ces $\frac{3}{4}$ de triangle tri-rectangle valant les $\frac{3}{4}$ de $\frac{1}{8}$ ou les $\frac{3}{32}$.es de la surface de la sphère sur laquelle le polygone est tracé, si l'on imagine cette surface de 36 décimètres quarrés (*), celle du quadrilatère ABDE sera égale aux $\frac{3}{32}$ de $36^{d.m.q.}$, ou à $\frac{36^{d.m.q.} \times 3}{32} = \frac{108^{d.m.q.}}{32} = 3^{d.m.q.},5$ = 3 décimètres quarrés et 50 centimètres quarrés.

PROBLÈME V.

283. Trouver la mesure de l'étendue superficielle d'une zone.

SOLUTION.

L'aire d'une zone quelconque a pour mesure le produit de sa hauteur par la circonférence d'un grand cercle de la sphère dont elle dépend.

On a donc (*Fig.* 46)

$$Surf.\ DeFgDMONXM = cz \times Circ.\ cD = cz \times p.2cD,$$

et

$$Surf.\ ADeFgD = zA \times p.2cD.$$

Application.

Que la hauteur $cz = 10m$ et le rayon $cD = 15m$; dans ce cas

$$S.\ DeFgDMONXM = 10 \times 3,1416.30 = 31,416.30 = 942^{m.q.}, 48^{d.m.q.};$$

et, parce que $zA = cA - cz = 15m - 10m = 5m$,

$$Surf.\ ADeFgD = 5 \times 3,1416.30 = 471^{m.q.}, 24^{d.m.q.}$$

PROBLÈME VI.

284. Déterminer le volume d'un onglet sphérique.

(*) Dans la pratique, il est entendu qu'on ne doit pas supposer de telle ou telle grandeur la surface de la sphère à laquelle appartient le fuseau ou le polygone dont on cherche l'aire, mais qu'il faut au contraire la déterminer exactement d'après la longueur de son rayon, en suivant la marche indiquée dans le problème du N.° 277.

SOLUTION.

Cherchez la surface du fuseau qui lui sert de base et multipliez-la par le tiers du rayon de la sphère, le produit sera la solidité demandée.

Application.

En supposant, comme dans le Problême III, N.° 281, la surface du fuseau ANBsA = $9^{d.m.q.}$, le rayon de la sphère étant de 1d.m.,38, il en résulterait

S. de l'ongl. ACBsANB = $9^{d.m.q.} \times 0^{d.m.},46 = 4^{d.m.c.},14 \quad 4^{d.m.c.},140^{c.m.c.}$

PROBLÊME VII.

285. Mesurer le volume d'une pyramide sphérique.

SOLUTION.

Multipliez l'aire du polygone qui lui sert de base par le tiers du rayon de la sphère, le produit sera la solidité de la pyramide proposée.

Application.

Soit la pyramide sphérique quadrangulaire CABDE (*Fig.* 48), dont la base ABDE a été trouvée de 3d.m.q.,50c.m.q. et le rayon CA de 6d.m.; on aura

Sol. pyram. CABDE = 3d.m.q.,50 × 2d.m. = 7d.m.c.

PROBLÊME VIII.

286. Trouver la solidité d'un secteur de sphère.

SOLUTION.

Pour l'obtenir, multipliez la surface de la calotte sphérique qui lui sert de base par le tiers du rayon de la sphère.

Application.

Le rayon *c*D étant de 15m (*Fig.* 46) et la surface de la *calotte* ou *zône* AD*e*F*g*D de 471m.q.,24 (Prob. V, N.° 283), on a

Sol. du secteur *c*D*e*F*g*DA = *Surf.* AD*e*F*g*D $\times \frac{1}{3}$ *c*D

= 471m.q.,24 × 5m = 2356m.c.,200d.m.c.

PROBLÈME IX.

287. Mesurer le volume d'un segment de sphère à deux bases parallèles, tel que zDeFgDMONXMc (*Fig.* 46).

SOLUTION.

Au produit de la demi-somme de ses bases par sa hauteur, ajoutez la solidité d'une sphère dont cette même hauteur est le diamètre, le résultat exprimera le volume cherché.

Ainsi,

$$Sol.\ segm.\ zDeFgDMONXMc = \left(\frac{Surf.\ MONXM + Surf.\ DeFgD}{2}\right).cz$$
$$+ p.cz.cz \times \frac{1}{6}cz,$$

ou

$$Sol.\ segm.\ zDeFgDMONXMc = \frac{1}{2}(S.\ MONXM + S.\ DeFgD).cz + \frac{1}{6}p.\overline{cz}^3$$

Application.

Si $cM = 15^m$, $zD = 11^m,18$, $cz = 10^m$; on aura $Surf.\ MNOXM = 706^{m.q.},86$, $Surf.\ DeFgD = 392,^{m.q.}70$, et conséquemment

$$S.\ segm.\ zDeF\ etc. = (353^{m.q.},43 + 196^{m.q.},35).10^m + 0,5236.1000^{m.c.}$$
$$= 6021^{m.c.},4.$$

PROBLÈME X.

288. Mesurer le volume d'un segment sphérique à une base.

SOLUTION.

Multipliez l'aire d'un cercle, dont le rayon soit égal à la flèche du segment proposé, par le rayon de la sphère diminué du tiers de cette flèche, le produit donnera la mesure demandée.

Application.

Pour le segment sphérique ADeFgDz (*Fig.* 46), dont la *flèche* $Az = 5^m$, le rayon de la sphère étant de 15^m, on trouve

$$Circ.\ Az = 78^{m.q.},54,\ cA - \frac{1}{3}Az = 15 - 1,6666 = 13^m,3334,$$

et par suite

$$Sol.\ segm.\ ADeFgD = 78^{m.q.},54 \times 13^m,3334 = 1047^{m.c.},2.$$

Remarque. On peut obtenir encore le volume du segment sphérique dont il s'agit, en multipliant la moitié de sa base par sa flèche et augmentant le produit de la solidité d'une sphère ayant cette flèche pour diamètre.

Suivant ce principe, comme la surface du cercle *DeFgD* $= 392^{m.q.},70$, il vient

Seg. sphéri. ADeFgD $= 196^{m.q.},35 \times 5^{m} + 0,5236 \times 125^{m.c.}$
$= 981^{m.c.},75 + 65^{m.c.},45 = 1047^{m.c.},2.$

CHAPITRE VI.

De la mesure de quelques autres corps.

PROBLÈME PREMIER.

289. Trouver la solidité d'un corps cylindrique à base elliptique, tel que ABCDEFGH (*Fig.* 170).

SOLUTION.

Mesurez la surface du plan elliptique ABCD et multipliez-la par AE, le produit sera la solidité du corps proposé.

Application.

Que la hauteur AE $= 15^{m}$, le grand axe AC $= 20^{m}$ et le petit axe BD $= 10^{m}$; on aura

Surf. ABCDA $= 3,1416 \cdot 10 \cdot 5 = 157^{m.q.},08 \ldots (239)$,

et conséquemment

Sol. ABCDEFGH $= 157^{m.q.},08 \times 15^{m} = 2356^{m.c.},2.$

Remarque. Pour avoir la surface convexe de ce corps, il suffirait de multiplier la courbe qui lui sert de base par sa hauteur; et, en ajoutant à celle-ci les aires des plans elliptiques inférieur et supérieur, ou le double de l'un des deux puisqu'ils sont égaux, on trouverait la surface totale du solide.

PROBLÈME II.

290. Déterminer le volume du revêtement (*) d'un puits AF (*Fig.* 171).

SOLUTION.

Calculez la superficie de la couronne circulaire ABCDrhn (230), qui représente une section de la muraille en question, et multipliez cette superficie par la profondeur du puits, le produit donnera le volume cherché.

Application.

Que l'aire de la couronne ABCDrhn = $80^{d.m.q.}$ et la profondeur AE = 10^{m}, on aura

$Sol.\ rhn$ABCDEF = $80^{d.m.q.} \times 10^{m} = 0^{m.q.},80 \times 10^{m} = 8^{m.c.}$

REMARQUE. Si la forme du puits était elliptique, pour obtenir son revêtement, on se conduirait de la même manière, avec la seule attention de substituer la couronne elliptique à la circulaire.

PROBLÈME III.

291. Mesurer la maçonnerie d'une voûte elliptique appuyée sur deux murs parallèles, comme ABCDEFA (*Fig.* 172).

SOLUTION.

Après avoir mené la droite BD à la naissance de la voûte, on calculera l'aire de la demi-couronne elliptique ABCDEFA, qu'on multipliera ensuite par la longueur de la voûte, le produit exprimera le volume de la maçonnerie en question.

Application.

L'épaisseur de la voûte étant connue, on aura OF en l'ajoutant à OC, et OA en la réunissant à OB. Les demi-

---

(*) Le revêtement d'un puits est une muraille circulaire, partout de même épaisseur, servant à garnir l'intérieur du puits et à soutenir les terres qui l'entourent.

axes des ellipses auxquelles les portions BCD et AFE appartiennent une fois déterminés, il sera facile d'obtenir l'aire de ABCDEFA en prenant la moitié du résultat auquel on sera conduit par le Problême du numéro 240.

Soit donc cette partie elliptique ABCDEFA $= 6^{m.q.},2832$ et la longueur de la voûte $z = 10^{m}$; V représentant le volume correspondant à ces données, on trouve

$V =$ *Surf.* ABCDEFA $\times z = 6^{m.q.},2832 \times 10^{m} = 62^{m.c.},832^{d.m.c.}$

Remarque. Si la voûte était à *plein cintre*, ou en *berceau*, la demi-couronne ABCDEFA serait circulaire, et sa surface multipliée par z donnerait aussi la mesure du massif de la voûte correspondante.

PROBLÊME IV.

292. Mesurer la capacité d'un tonneau AG (*Fig.* 173).

SOLUTION.

Ce volume peut être considéré comme formé de deux cônes tronqués réunis par une base commune qui est la plus grande. On obtiendra donc sa mesure (280), en multipliant le tiers de la longueur comprise entre les deux fonds par le rapport p, et ce produit encore par la somme des quarrés des rayons du plus grand et du plus petit des cercles intérieurs du tonneau (*), augmentée du rectangle de ces deux rayons.

Application.

Soit la longueur du tonneau AE $= 15$ décimètres, le rayon zn de son plus grand cercle intérieur $nopr$ de $6^{d.m.}$, celui du plus petit ABCD de $5^{d.m.}$; on aura

Capacité du tonneau AG $= 5 \cdot 3,1416 \cdot (36 + 25 + 30)$
$= 15^{d.m.},708 \times 91^{d.m.q.} = 1429^{d.m.c.},428.$

Remarque. Ordinairement on prend pour mesure de la capacité d'un tonneau le produit de sa longueur par l'aire

(*) Il est entendu qu'on ne doit pas comprendre l'épaisseur du bois dans la mesure de la longueur et des rayons dont il s'agit.

d'un cercle moyen proportionnel arithmétique entre le plus grand et le plus petit du tonneau, ce qui le rapporte à un cylindre de même longueur que lui, ayant pour base l'aire du cercle moyen proportionnel mentionné.

La mesure qu'on obtient par ce procédé est un peu plus grande que celle donnée par le précédent; car, en multipliant [illegible], qui représentent l'aire de la base du cylindre équivalent au tonneau AG dans le cas des données ci-dessus, par la longueur [illegible], on trouve pour la capacité de ce tonneau 1457[illegible], valeur qui surpasse d'environ 48[illegible] celle obtenue précédemment pour la mesure du même volume.

Ni l'une ni l'autre de ces mesures n'étant rigoureusement exactes, par rapport à la forme des tonneaux qui n'est pas la même pour tous, on pourra, afin d'opérer d'une manière plus scrupuleuse, employer les deux méthodes ensemble, et prendre le milieu entre les deux résultats obtenus pour la capacité du tonneau en question.

Ainsi, dans l'exemple actuel, on ajoutera 1409*d.m.c.*,428 avec 1457*d.m.c.*,282; et, prenant la moitié de la somme 2866*d.m.c.*,710, on trouvera 1433*d.m.c.*,355 pour la mesure moyenne du tonneau AG.

Voyant par là quelle différence il résulte de l'emploi de ces procédés, on sera libre de faire usage de celui des trois qui conviendra le mieux à la circonstance qui se présentera.

PROBLÈME V.

293. On propose de déterminer la mesure du dôme (*) ABCDE*maqprs* (*Fig.* 174).

SOLUTION.

Soustrayez du volume de la demi-sphère ABCDE celui de l'hémisphère dont le rayon est *on*, le résultat exprimera la mesure du dôme proposé.

(*) Un *dôme* est une voûte demi-sphérique élevée au-dessus d'un édifice.

Application.

Que $oB = 6^m$ et $on = 5^m$, on aura

$$S.\ dôme\ ABCDEmnprs = hémisp.\ ABCDE - hémisp.\ mnprs$$
$$= 904^{m.c.},781 - 523^{m.c.},600,$$

ou

$$Sol.\ dôme\ ABCDEmnprs = 381^{m.c.},181^{d.m.c.}$$

PROBLÈME VI.

294. Mesurer le volume d'un sphéroïde (*) ABCDEF (*Fig.* 175).

SOLUTION.

Pour avoir la solidité d'un sphéroïde dont les deux axes sont connus, il faut chercher la surface du cercle décrit sur le petit axe, pris pour diamètre, puis la multiplier par les deux tiers de la longueur du grand axe, le produit donnera le volume demandé.

Application.

Soient $BD = 6^m$ et $AC = 4^m$; on trouvera *Surf.* du cercle décrit sur $AC = 12^{m.q.},5664$, et par suite

$$Sol.\ sphéro.\ ABCDEF = 12^{m.q.},5664 \times 4^m = 50^{m.c.},266^{d.m.c.}$$

PROBLÈME VII.

295. Trouver la solidité d'un corps brut, ayant une figure quelconque, tel qu'un lingot de métal.

SOLUTION.

Prenez un vase cylindrique ou de forme cubique d'une capacité bien connue; après l'avoir rempli d'eau, plongez-y le corps en question, il chassera évidemment une partie d'eau égale à son volume. On retirera ensuite le corps plongé, puis on mesurera la portion du vase qui ne contient plus d'eau; cette mesure sera celle du corps brut proposé.

On peut obtenir ainsi la solidité de tout corps irrégulier d'un petit volume.

(*) On nomme *sphéroïde* ou *ellipsoïde* (*Fig.* 175), un corps produit par la révolution d'un demi-plan elliptique BAD autour de son axe BD.

Remarque. Quoique cette méthode ne soit pas rigoureusement exacte, on peut cependant en faire usage, surtout pour les métaux dans les pores desquels l'eau ne s'insinue pas facilement.

296. Avec ce qui précède et un peu d'habitude, on sera toujours susceptible d'exécuter soi-même toutes les opérations relatives à l'évaluation des lignes, surfaces et solides, qui se présentent à chaque instant dans le cours de la vie.

ESSAI
DE GÉOMÉTRIE
PRATIQUE.

LIVRE V.

Géodésie
ou
Partage des Terrains.

297. LE but de la *Géodésie* est d'enseigner à diviser les terrains.

Cette Science embrasse encore aujourd'hui de plus grandes opérations, celles qui ont pour objet de déterminer la position des différens points de la surface du Globe, d'en calculer les distances respectives et de les placer sur le papier dans une situation semblable à celle où ils se trouvent sur la Terre; mais nous ne nous occuperons pas ici des moyens qu'elle emploie pour les exécuter, nous nous contenterons seulement de faire connaître la solution des problèmes relatifs à la division des terrains.

CHAPITRE PREMIER.

Principes sur lesquels repose l'art de diviser les terrains.

298. Les *figures semblables* ont leurs côtés homologues proportionnels, et leurs *surfaces* sont entre elles comme les *quarrés* de ces mêmes côtés.

299. Deux triangles qui ont même base et leurs sommets situés sur une ligne parallèle à la base sont équivalens ; car, dans ce cas, ils ont aussi des hauteurs égales.

300. Si plusieurs triangles ont un sommet commun, leurs bases étant sur une même droite, ils auront tous même hauteur ; car d'un point on ne peut abaisser qu'une seule perpendiculaire sur une droite (153).

301. Deux trapèzes de même hauteur et de bases égales, ou seulement dont la somme des bases de l'un égale celle des bases de l'autre, sont équivalens : car ils ont chacun pour mesure le produit de deux facteurs égaux ; leurs surfaces sont donc égales.

302. Parmi les figures rectilignes,

1.° Deux triangles de même base sont dans le rapport de leurs hauteurs, et réciproquement, deux triangles de même hauteur sont comme leurs bases ;

2.° Il en est ainsi de deux rectangles, de deux parallélogrammes quelconques ;

3.° Quant aux trapèzes, s'ils ont même hauteur, ils sont en raison des sommes de leurs bases parallèles ; et si la somme des bases de l'un est égale à celle des bases de l'autre, les surfaces de ces figures seront entre elles comme leurs hauteurs.

303. Si on abaisse d'un point quelconque *r* d'une demi-circonférence *mrp* (*Fig.* 176), une perpendiculaire *rn* sur le diamètre *mp*, on démontre en Géométrie spéculative, que cette perpendiculaire *rn* est *moyenne proportionnelle* entre les deux parties *mn* et *np* du diamètre.

De-là il suit évidemment que *pour trouver une moyenne proportionnelle géométrique entre deux lignes données* mn *et* np, il suffira de les placer bout à bout, de décrire sur leur somme *mp*, comme diamètre, une demi-circonférence et d'élever au point de jonction *n* la perpendiculaire *nr* que l'on terminera à la rencontre de la demi-circonférence; *rn* sera la moyenne proportionnelle cherchée.

304. *Connaissant l'aire et la hauteur d'un triangle, trouver sa base.*

La surface d'un triangle ayant pour mesure le produit de sa base par sa hauteur (214), on conçoit aisément qu'en divisant ce produit, ou l'aire donnée, par la moitié de la hauteur, le quotient exprimera la longueur de la base cherchée.

Par exemple, que la surface d'un triangle soit de 48 mètres quarrés et sa hauteur de 10^m; on trouvera pour sa base $\frac{48}{5} = 9^m, 6^{d.m.}$

305. *Changer un triangle* abc (*Fig.* 177) *en un autre équivalent et qui ait son sommet au point* n, *pris sur l'un de ses côtés.*

Joignez *nc*, du sommet *a* menez *ag* qui lui soit parallèle, tirez *ng*, et *nbg* sera le triangle demandé.

En effet, il a son sommet en *n* et sa surface égale celle du triangle *abc*, car on a évidemment

$$nbg = bnc + ncg^{*} = bnc + nca = abc.$$

---

* [illegible] sur une base commune *nc* et des hauteurs [illegible] parallèle à *nc* [illegible].

306. *Transformer le polygone* abcd (*Fig.* 178) *en un triangle équivalent dont le sommet soit au point* n *situé sur son périmètre.*

Tirez la ligne *nb*, menez *ag* qui lui soit parallèle et que vous terminerez à la rencontre du prolongement de *bc* en *g*, puis tracez *ng*; on aura

$$nbg = nba.$$

Tirez de même *nc*, menez *df* parallèlement à *nc* jusqu'à ce qu'elle rencontre le côté *bc* prolongé et joignez *nf*; on aura encore $ncf = ncd$, et par suite

$$nbcf = nbcd.$$

Ajoutant d'une part *nbg* et de l'autre son équivalent *nba*, il en résultera

$$nbg + nbcf = nba + nbcd,$$

ou

$$ngf = abcd.$$

Le triangle *ngf* satisfait aux conditions du problême, puisqu'il a son sommet en *n* et que sa surface équivaut à celle du polygone donné; donc il est le triangle requis.

Remarque. On se conduirait semblablement si le polygone proposé avait un plus grand nombre de côtés.

307. On peut, avec un cordeau et des jalons ou piquets, exécuter sur les lieux mêmes toutes les opérations ordinaires du partage des terrains; mais, lorsqu'elles sont compliquées, il est cependant plus facile de faire les constructions sur le papier, sauf à déterminer ensuite sur le terrain les points de division homologues correspondans à ceux marqués sur le plan. Il existe même une circonstance où l'emploi de cette dernière méthode devient indispensable; c'est lorsqu'il s'agit de diviser une pièce de terre environnée de mur, ou autour de laquelle on ne peut opérer librement.

CHAPITRE II.

Problèmes relatifs au partage des terrains.

308. Tous les terrains que l'on peut avoir à diviser se présentant toujours sous la forme de triangles, de trapèzes, de rectangles, de parallélogrammes ou de polygones quelconques, nous allons donner la manière de partager chacune de ces figures, en nous conduisant tout-à-fait comme si elles étaient les terrains mêmes.

PROBLÈME PREMIER.

309. Diviser un triangle *abc* (*Fig.* 179) en trois parties équivalentes.

SOLUTION.

Divisez la base *bc* en trois parties égales aux points *d* et *e*; du sommet *a* menez les droites *ad* et *ae*, elles partageront le triangle donné en trois autres *abd*, *ade*, *aec*, qui seront égaux en surface, puisqu'ils ont tous même hauteur (300) et des bases égales. Donc chacun est le *tiers* du triangle *abc*.

Rémarque. On diviserait semblablement un triangle donné en tout autre nombre de parties équivalentes.

PROBLÈME II.

310. Partager le triangle *abc* (*Fig.* 180) en trois autres dont les surfaces soient proportionnelles aux nombres 3, 5 et 7.

SOLUTION.

Pour cela, soit divisée la base *bc* en autant de parties égales qu'il y a d'unités dans la somme faite des nombres 3, 5 et 7, c'est-à-dire en 15 parties égales; puis aux points *n* et *m*, qui répondent aux divisions marquées 3 et 8, menez du sommet *a* les lignes *an*, *am*, elles partageront le triangle *abc* de la maniere demandée.

En effet, les trois triangles abn, anm, amc, ayant même hauteur a, sont entre eux comme leurs bases (302); par conséquent

$$abn : anm : amc :: bn : nm : mc;$$

mais une des divisions de la base étant prise pour l'unité linéaire, on a par construction

$$bn = 3, \quad nm = 5, \quad mc = 7;$$

donc aussi

$$abn : anm : amc :: 3 : 5 : 7.$$

Remarque. Cette solution convient également pour diviser un triangle en parties proportionnelles à 4, 5, 6, etc. nombres donnés.

PROBLÈME III.

311. Diviser un triangle abc (*Fig.* 181) en deux parties équivalentes par une droite menée du point o, pris sur un de ses côtés.

SOLUTION.

Divisez le côté ab en deux parties égales au point d et menez cd, vous aurez $adc = dbc = \frac{1}{2}\,abc$. Ensuite menez oc, et, par le point d, la ligne dn parallèle à oc; enfin tracez on qui divisera le triangle abc de la manière proposée.

Il faut prouver que $aon = \frac{1}{2}\,abc$.

Or,
$$aon = adn + dno,$$
et
$$adc = adn + dnc;$$

de plus $dno = dnc$, puisque ces triangles ont même base dn et des hauteurs égales (299); donc

$$aon = adc = \frac{1}{2}\,abc.$$

PROBLÈME IV.

312. Diviser le triangle abc (*Fig.* 182) en deux parties dont les surfaces soient entre elles comme 3 : 5, par une droite qui parte du point o.

SOLUTION.

Divisez *ab* en 8 parties égales, parce que $3+5=8$; du sommet *c* au point *d*, marqué 3, menez *cd* et achevez la construction comme dans le problême précédent, *no* partagera le triangle *abc* suivant le rapport donné.

En effet, il est aisé de voir que *aon* = *adc* (311), et de conclure conséquemment que *obcn* = *dbc*; mais, par construction, on a

$$adc : dbc :: ad : db :: 3 : 5;$$

donc aussi $aon : obcn :: 3 : 5$.

PROBLÊME V.

313. Partager un triangle *abc* (*Fig.* 183) en trois parties équivalentes, par des lignes menées du point *o* situé sur son périmètre.

SOLUTION.

Après avoir divisé *ab* en trois portions égales aux points *n*, *d*, et tiré les droites *oc*, *cn*, *cd*, on mènera *dr* et *ns* parallèles à *oc*, puis on tracera les lignes *or*, *os*, qui diviseront *abc* ainsi que la question l'exige.

Car *sor* = *aos*, comme ayant des bases égales et le même sommet *o*, et chacun de ces triangles égale *anc* ou $\frac{1}{3}$ *abc*; la partie restante *obcr* est donc le troisième tiers de *abc*: d'où il suit que le problême se trouve résolu suivant les conditions qu'il renferme.

Remarque. On se conduirait semblablement pour diviser un triangle en un plus grand nombre de parties égales; et, si l'on voulait qu'elles fussent proportionnelles à des quantités données, au lieu de diviser le côté sur lequel est situé le point d'où doivent partir les lignes de division en parties égales, on le diviserait en d'autres qui eussent entre elles les mêmes rapports que les quantités proposées, ensuite on terminerait l'opération comme dans le premier cas.

PROBLÈME VI.

314. Partager le triangle *abc* (*Fig.* 184) en trois parties équivalentes par des lignes menées parallèlement à sa base *bc*.

SOLUTION.

Sur le côté *ab* décrivez une demi-circonférence, après l'avoir divisé en trois portions égales aux points *p* et *s*; élevez sur ce côté les perpendiculaires *pn*, *sr*, qui rencontreront la demi-circonférence en N et R; joignez ces points avec le sommet *a*, et sur *ab* prenez deux parties *an*, *ar*, respectivement égales aux lignes *a*N, *a*R; enfin menez *nx* et *rz* parallèles à la base *bc*, elles diviseront le triangle *abc* en trois figures équivalentes.

En effet, les triangles *azr* et *abc*, étant semblables, donnent la proportion (298)

$$arz : abc :: \overline{ar}^2 : \overline{ab}^2,$$

et comme, en vertu du triangle rectangle *a*R*s*,

$$\overline{a\text{R}}^2 = \overline{as}^2 + \overline{\text{R}s}^{2\,\star} = \overline{as}^2 + as \times bs = as \cdot (as + bs) = as \times ab,$$

on a encore, puisque $a\text{R} = ar$,

$$arz : abc :: as \times ab : \overline{ab}^2 \text{ ou } :: as : ab.$$

Mais, en faisant $ap = 1$, alors

$$as = 2 \text{ et } ab = 3;$$

donc $$arz : abc :: 2 : 3;$$

de-là on tire $$arz = \frac{2}{3}\,abc,$$

et, par la substitution de cette valeur,

$$rbcz = abc - arz$$

devient $$rbcz = abc - \frac{2}{3}\,abc = \frac{1}{3}\,abc.$$

On a de même $$anx : abc :: \overline{an}^2 : \overline{ab}^2,$$

ou, en observant que $\overline{a\text{N}}^2 = \overline{ap}^2 + \overline{\text{N}p}^2 = \overline{ap}^2 + ap \cdot pb$ $= ap \cdot (ap + pb) = ap \times ab$ et que $an = a\text{N}$,

(*) $\overline{\text{R}s}^2 = as.bs$, puisque R*s* est moyenne proportionnelle entre *as* et *bs* (303).

$$anx : abc :: ap \times ab : \overline{ab}^2 :: ap : ab ;$$

mais $$ap = 1, \quad ab = 3 ;$$

donc aussi $$anx : abc :: 1 : 3 ,$$

d'où $$anx = \frac{1}{3} abc.$$

Par conséquent *nrzx* est le troisième tiers de la figure *abc*, qui se trouve ainsi divisée par les parallèles *nx*, *rz*, conformément à l'énoncé de la question.

REMARQUE. S'il s'agissait de diviser ce triangle *abc* en plus de parties équivalentes, on opérerait semblablement ; et si les parties demandées devaient être proportionnelles à des nombres donnés, on se conduirait encore de même, avec la seule attention de partager le côté *ab* proportionnellement à ces nombres.

PROBLÈME VII.

315. Partager le rectangle *abcd* (*Fig.* 185) en quatre autres égaux entre eux.

SOLUTION.

Divisez la base *bc* en quatre parties égales et aux points de division *e*, *f*, *g*, élevez les perpendiculaires *en*, *fk*, *gh*, elles partageront *abcd* de la manière proposée.

Car les petits rectangles *aben*, *nefk*, *kfhg*, *hgcd*, ont tous des bases et des hauteurs égales ; donc ils sont égaux.

REMARQUE. On ferait la même construction pour diviser un rectangle en plusieurs autres proportionnels à des nombres donnés, observant seulement de diviser la base selon les rapports en question.

PROBLÈME VIII.

316. Partager un parallélogramme quelconque *abcd* (*Fig.* 186) en plusieurs autres équivalens.

SOLUTION.

Divisez la base *bc* en autant de parties égales qu'on veut avoir de parallélogrammes équivalens, en cinq par exemple, et par chaque point de division menez une parallèle au côté contigu *bc* ou *cd*, ces lignes partageront la figure *abcd* de la manière demandée. Cela est évident.

REMARQUE. Si c'était proportionnellement à des nombres donnés qu'il fallut partager cette figure, après avoir divisé la base comme ces nombres l'indiquent, on mènerait une parallèle aux côtés contigus par chaque point de division, et le problème serait résolu.

En effet, les parallélogrammes résultans ayant même hauteur, sont entre eux comme leurs bases qui se trouvent elles-mêmes, par construction, dans le rapport des nombres donnés.

PROBLÈME IX.

517. Diviser le trapèze *abcd* (*Fig.* 187) en trois autres équivalens.

SOLUTION.

Pour cela, il suffit de diviser chacune des bases *ab* et *cd* en trois parties égales aux points *n*, *m*, *n'*, *m'*, et de joindre ces points de deux en deux par les droites *nn'*, *mm'*.

Il faut démontrer que les trapèzes *ann'd*, *nmm'n'* et *mbcm'* sont équivalens.

Or, il est évident qu'ils ont même hauteur et des bases égales; chacun a donc pour mesure de sa surface le produit de deux facteurs égaux; ils sont donc tous équivalens entre eux.

REMARQUE. S'il s'agissait de diviser un trapèze en plusieurs autres qui fussent proportionnels à des nombres donnés, on partagerait les deux bases comme l'indiqueraient ces nombres, puis en joignant chaque point de division de la base inférieure avec son correspondant de la base supérieure, le trapèze se trouverait divisé conformément à la question.

D'ailleurs, il est si facile d'exécuter cette dernière division en imitant la première que je crois ne plus devoir en parler davantage, laissant au lecteur le soin de s'exercer, s'il le juge à propos, sur les propositions qui vont suivre.

PROBLÈME X.

518. Diviser un quadrilatère *abcd* (*Fig.* 178) en quatre parties équivalentes par des lignes menées d'un point *n* pris sur son contour.

SOLUTION.

Transformez le quadrilatère *abcd* en un triangle équivalent *ngf* qui ait son sommet au point *n* (306), par ce point *n* menez les lignes *np*, *nm*, *nr*, qui partagent le triangle *ngf* en quatre autres égaux en surface ; si ces lignes étaient toutes entièrement dans le quadrilatère, elles le diviseraient en quatre surfaces égales, mais comme cette condition n'est pas remplie par *np* et *nr*, il faut par les extrémités *p*, *r*, mener *po*, *rs*, parallèlement à *bn*, *cn*, et ces droites rencontreront les côtés *ba* et *cd* en des points *o*, *s*, tels qu'en tirant *no* et *ns*, ces dernières lignes, avec *nm*, diviseront le quadrilatère *abcd* de la manière demandée.

En effet, on a évidemment

$$aon = anb - onb = gnb - pnb = gnp = \frac{1}{4}\, gnf = \frac{1}{4}\, abcd,$$

$$onmb = bnm + obn = bnm + pnb = pnm = \frac{1}{4}\, abcd,$$

$$nmcs = nmc + ncs = nmc + ncr = mnr = \frac{1}{4}\, abcd,$$

$$snd = cnd - cns = cnf - cnr = rnf = \frac{1}{4}\, abcd\,;$$

Donc les trois lignes *no*, *nm*, *ns*, divisent en quatre parties équivalentes le quadrilatère proposé.

Remarque. Si c'eût été le triangle *abc* (*Fig.* 177) qu'on eût voulu diviser en deux parties égales en surface par une ligne tirée du point *n*, on l'aurait d'abord changé en un triangle *bng* équivalent ; puis, après avoir partagé celui-ci en deux autres égaux en superficie par la ligne *np* et mené *ps* parallèle à *nc*, on aurait joint *ns*, qui eût divisé *abc* en deux portions équivalentes. Car

$$nbs = nbc + ncs = nbc + ncp = nbp = \frac{1}{2}\, nbg = \frac{1}{2}\, abc;$$

donc aussi $$ans = \frac{1}{2}\, abc.$$

PROBLÈME XI.

319. Partager un polygone quelconque en autant de parties égales qu'on voudra, par des lignes menées d'un point donné sur son périmètre.

SOLUTION.

Transformez le polygone proposé en un triangle équivalent qui ait son sommet au point donné (306); divisez ce triangle en autant de parties égales en surface que la question exige que le polygone en renferme. Si les droites de division sont entièrement comprises dans le polygone, elles le partageront de la manière demandée; mais si elles ne s'y trouvent qu'en partie, comme dans le problème précédent, alors par les extrémités inférieures de celles-ci, on mènera des parallèles aux droites qui joignent le point donné avec les sommets des deux angles opposés, et leurs points de rencontre avec le périmètre du polygone proposé détermineront ceux de division qui satisferont à la question.

Remarque I. Ces deux derniers problèmes et ceux des N.os 311, 312, 313, trouvent leur application chaque fois qu'il s'agit de diviser une pièce de terre entourée de mur, comme un jardin par exemple, entre plusieurs héritiers qui, pour éviter des frais de construction, consentent à se servir de la même porte, parce qu'alors les lignes de division, qui deviennent des sentiers, doivent toutes aboutir à un même point, celui du milieu de la porte commune.

Remarque II. Quand cette circonstance se présente, on sent qu'il est plus facile de rapporter la figure sur le papier pour opérer le partage, et de marquer ensuite sur le pourtour du terrain les points de division; ce qui se pratique très-aisément au moyen de l'échelle qui a servi au tracé de la figure du terrain sur le papier.

PROBLÈME XII.

320. **Partager un terrain d'une figure rectiligne quelconque en plusieurs parties équivalentes, les lignes de division devant partir d'un point situé dans l'aire de la figure donnée.**

SOLUTION.

Soit le terrain triangulaire *abc* (*Fig.* 188) que l'on veuille diviser en quatre parties équivalentes par des droites partant du point *o*.

On commencera par chercher l'aire de *abc*, que je suppose être de 1200 mètres quarrés, dont le quart $= 300$ *m.q.* Ensuite on tirera du point *o* au sommet de tous les angles du terrain, les droites *oa*, *ob*, *oc*, qui le diviseront en triangles; on mesurera *boa* qui contenant par hypothèse 340*m.q.*, surpasse de 40*m.q.* le quart du terrain en question; il faudra donc de ce triangle *aob* retrancher un petit triangle *aon* de 40*m.q.*, afin d'avoir précisément une portion $nob = boa - aon = 340 - 40 = 300\, m.q. = \frac{1}{4}\, abc.$

Or cette soustraction est facile, car ayant trouvé la perpendiculaire *op* de 10 mètres, en divisant 40*m.q.*, aire du triangle dont il s'agit, par 5, moitié de sa hauteur *op*, le quotient 8^m exprime la longueur qu'il faut donner à la base de ce triangle pour avoir précisément 40*m.q.* de surface (304); de sorte qu'en portant une longueur de 8 mètres de *a* en *n* et joignant *on*, le triangle *nob* sera le quart du terrain proposé.

Maintenant, si au reste $noa = 40\, m.q.$, on ajoute un autre triangle *aom* de 260*m.q.* de superficie, on aura le quadrilatère $anom = 40\, m.q. + 260\, m.q. = 300\, m.q. = \frac{1}{4}\, abc.$

Pour trouver *aom*, on mesurera la hauteur *or*, qui vaut 13 mètres, puis en divisant 260*m.q.*, surface du triangle cherché, par $\frac{1}{2}\, or = 6^m,5$, on obtiendra 40^m pour la longueur qu'il faut donner à sa base *am*. On prendra donc $am =$ [illegible] et on joindra *om*, qui déterminera *anom*, second quart du terrain.

Enfin, la mesure de la perpendiculaire *os* étant de 16^m, on divisera [illegible] par 8^m, moitié de *os*, pour connaître la base du triangle *boz*, dont la surface soit exactement égale au quart de celle du terrain à partager ; le quotient est $37^m,5$. Prenant donc, sur *bc*, une partie $bz = 37^m,5$ et tirant *oz*, on formera le triangle *boz* qui vaudra encore un quart de *abc*.

Les parties *nob*, *anom* et *boz* étant les trois premiers quarts de la figure *abc*, il s'ensuit nécessairement que *zomc* en est le quatrième ; donc les lignes *ob*, *on*, *om*, *oz*, divisent *abc* comme les conditions du problème l'exigent.

Remarque I. Si l'on eût pris pour exemple un polygone composé d'un plus grand nombre de côtés, et qu'on eût voulu le diviser en plus de parties, on se serait conduit tout-à-fait de la même manière, seulement l'opération eût été plus longue.

Il est entendu que pour exécuter cette opération, il faut que le terrain permette de parcourir toute sa surface, afin de pouvoir former sans obstacle les différens triangles qu'on est obligé de construire.

Remarque II. On fait usage de cette pratique dans le partage d'un héritage, au milieu duquel il y aurait un puits, par exemple, dont chaque héritier voudrait jouir sans sortir de la portion de terrain qui doit lui appartenir.

Remarque III. Nous observerons enfin que généralement la division des terrains doit toujours être faite selon la surface du plan horizontal et non suivant leur pente, afin que les héritiers, ou les acquéreurs, se trouvent équitablement partagés, en possédant chacun une portion de même produit et conséquemment de même valeur. Ce qui n'aurait pas lieu si dans l'opération on avait égard à la disposition du terrain.

FIN.

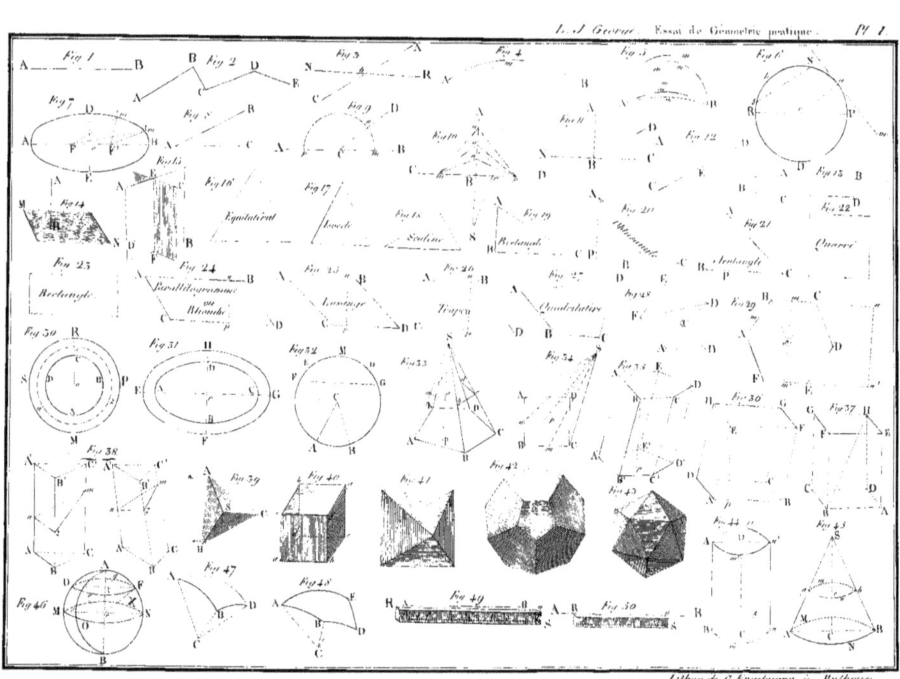
L. J. George. Essai de Géométrie pratique. Pl. 1.
Equilatéral
Scalène
Rectangle
Parallélogramme
ou
Rhombe
Losange
Quadrilatère
Lithog. de G. Engelmann à Mulhouse.

L. J. George. Essai de Géométrie pratique. Pl. II

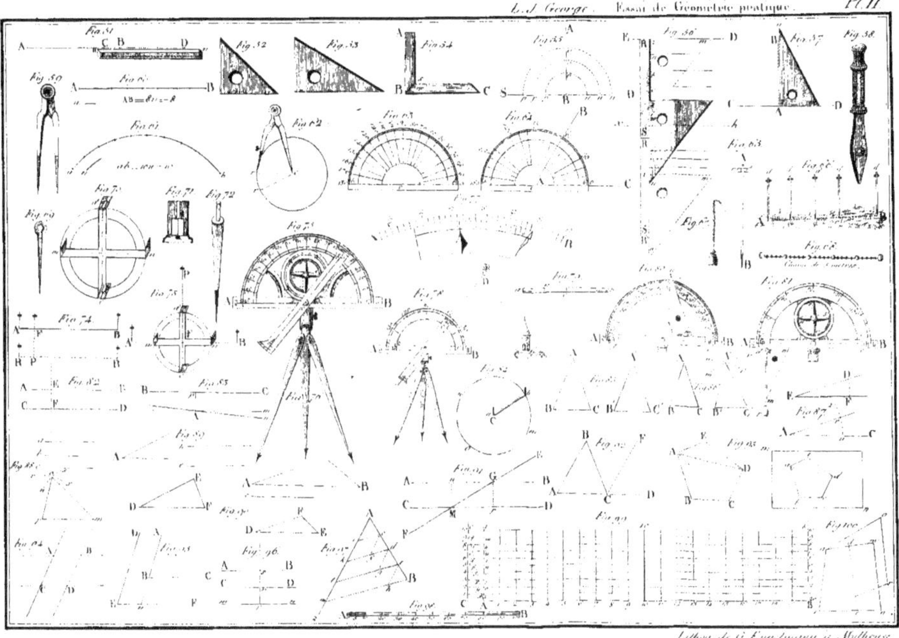

Lithog. de G. Engelmann à Mulhouse

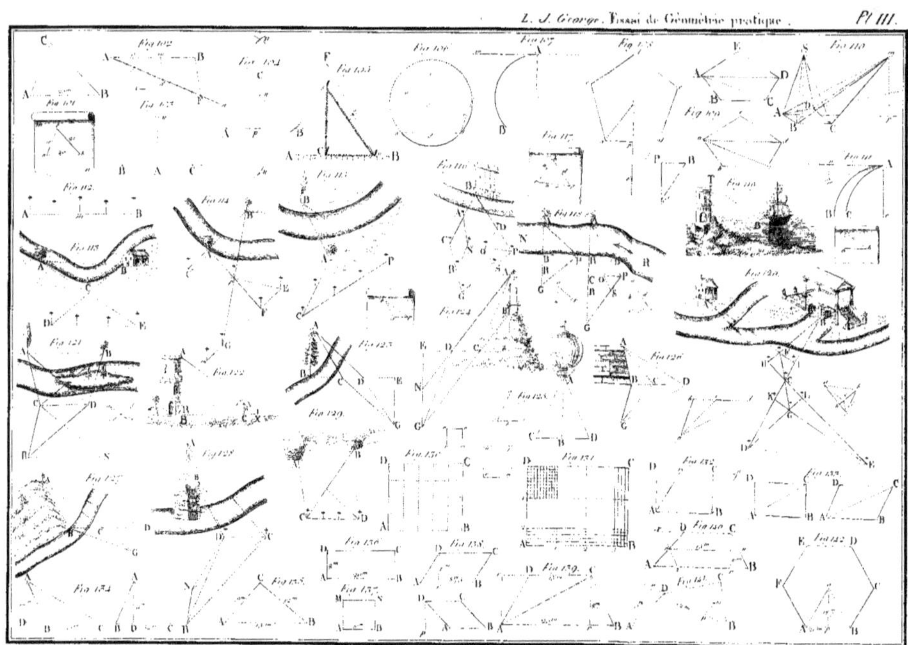
L. J. George. Essai de Géométrie pratique.
Pl. III.
Lithog. de G. Engelmann à Mulhouse.

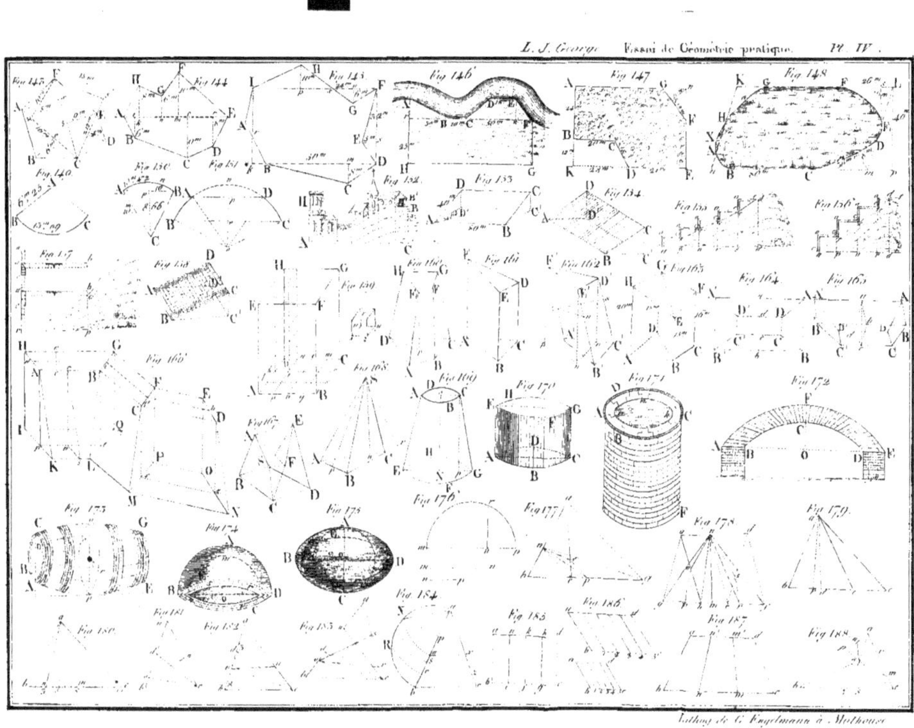
L. J. George   Essai de Géométrie pratique.   Pl. IV.
Lithog. de G. Engelmann à Mulhouse

www.ingramcontent.com/pod-product-compliance
Lightning Source LLC
LaVergne TN
LVHW020643200726
843508LV00002B/648

9782329796178